总要有些新活法，
陪你度过难熬的一天

〔韩〕郑 喆

江苏凤凰文艺出版社
JIANGSU PHOENIX LITERATURE AND ART PUBLISHING, LTD

图书在版编目（CIP）数据

总要有些新活法，陪你度过难熬的一天 / (韩) 郑喆著；王宝霞, 刘晨晨译. -- 南京：江苏凤凰文艺出版社, 2016
ISBN 978-7-5399-9416-1

Ⅰ. ①总… Ⅱ. ①郑… ②王… ③刘… Ⅲ. ①人生哲学－通俗读物 Ⅳ. ①B821-49

中国版本图书馆CIP数据核字(2016)第141374号

著作权合同登记号 图字：10-2016-137

书　　名：总要有些新活法，陪你度过难熬的一天

著　　者：（韩）郑　喆　　译　　者：王宝霞 刘晨晨
图书策划：周显亮　　图书监制：欧阳勇富
责任编辑：邹晓燕 黄孝阳　　文字编辑：孙　赫 李　娜
装帧设计：荆棘设计　　营销编辑：宋涛涛

出版发行：凤凰出版传媒股份有限公司
江苏凤凰文艺出版社
出版社地址：南京市中央路 165 号，邮编：210009
出版社网址：http://www.jswenyi.com
发　　行：北京时代华语图书股份有限公司　010-83670231
经　　销：凤凰出版传媒股份有限公司
印　　刷：北京尚唐印刷包装有限公司
开　　本：880 毫米 ×1230 毫米 1/32
印　　张：10
字　　数：208 千字
版　　次：2016 年 8 月第 1 版　2016 年 8 月第 1 次印刷
标准书号：ISBN 978-7-5399-9416-1
定　　价：38.00 元

（江苏文艺版图书凡印刷、装订错误可随时向承印厂调换）

“玫瑰很美”的意思是，连同玫瑰的刺都很美。
“人生很美”的意思是，连同人生的苦痛都很美。

比孤独更孤独的事，
便是被人发现我是孤独的。

人和动物真正的差异是，“哈哈哈”和“啦啦啦”。
能笑，能唱。
如果想活得像个人的话，那就笑吧。
一边笑，一边唱歌。
在爱情、信任、希望和笑中，
最棒的是笑。

想要回到过去，无法回到过去。

幸福的反义词不是不幸，
而是不满。

不管再怎么杂乱的房间，房间主人也在无序中拥有自己特有的秩序。请不要随便整理别人的房间，也不要随便整理别人的思想。

卡萨诺瓦的失误是不爱他人，而爱“爱”本身。

爱，
安慰，
感谢，
关怀，

比起这种温暖的话，有更温暖的话。

我爱你，
我来安慰你，
谢谢你，
我照顾你。

让鸟笼中的鸟变得不幸的最简单的方法是什么？

给它解释自由的含义，
而且还是在关着鸟笼的门的时候。

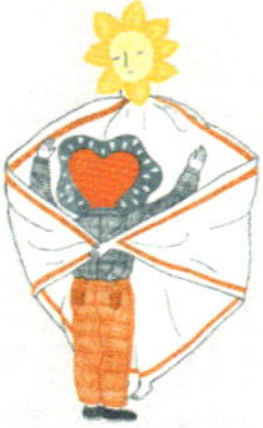

PART 1
对人生充满好奇

只需静静地坐着，默默地等待 10 个小时，

太阳便会再次从东边升起。

E
W
9
8
7
6
5
4
3
2

明日新闻

有一个电视台，每到午夜时分就开始播放《明日新闻》。该节目主要的主持人是诺斯特拉达姆士，他推出的这个节目，仅在3天之内，收视率就爆发性地超过了90%，创造了新纪录。人们每天都凝神屏息，准时收看这一具有惊人准确度的《明日新闻》。在这一节目出现后，不仅晚间21点的新闻渐渐地停播了，而且还出现了积极地播报后天新闻的电视台。

但是，这些节目都没有坚持多久。《明日新闻》在播放不到1个月后就停播了，因为收视率跌至0。您认为这是意外吗？这不是意外，而是理所当然的事情。如果今天就提前知道了明天会发生什么，人生将会变得多么没有意思啊！如果明天变得不再值得期待，没有了多样的可能性，那么这样的明天就是死掉的明天。

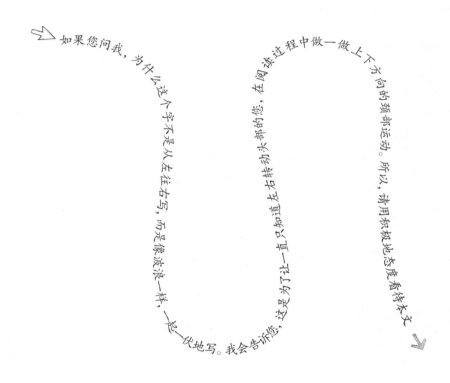

如果您问我，为什么这个字不是从左往右写，而是像波浪一样，一起一伏地写。我会告诉您，这是为了让一直只知道左右转动头部的您，在阅读过程中做一做上下方向的颈部运动。所以，请用积极地态度看待本文

话剧的第一幕和第二幕之间，有一段“黑漆漆的夜晚”，
这是因为演员要换服装。
如果第二幕的服装与第一幕的服装相同，
那么这部话剧就会变得非常无聊。

今天和明天之间，有一段“黑漆漆的夜晚”，
这是因为你需要给你的想法换装。
如果明天的想法还和今天的想法相同，
那么人生会太无聊。

如若现在是白天，请认真思考，
是不是今天还要延续昨天的想法。

如若现在是夜晚，请提前思考，
明早应该如何给想法换装。

零钱有两种，
一种是给孩子的，一种是给老人的。

给孩子的零钱越来越多，
给老人的零钱越来越少。

钱包里面有人生。

您拥有几顶帽子？

人们戴帽子是为了表明自己要和某人战斗的决心。棒球投手戴帽子，是要和棒球击球手战斗；农民戴帽子，是要和太阳战斗；魔术师戴帽子，是要和观众的眼睛战斗；后备军戴帽子，是要和困意战斗；模范司机戴帽子，是要和非模范顾客战斗；电影导演戴帽子，是要和平凡战斗。城管戴帽子，是要和同情心战斗；没洗头发的人戴帽子，是要和羞愧战斗；光头的人戴帽子，是要和嘲笑战斗。

类似这种无言的宣战，您拥有几个呢？请丢弃其中的一半。当然，如果只是单纯地扔掉帽子的话，毫无用处，而是应该把帽子下面那个脑袋里蜷缩着的对胜利的执念一起扔掉。战斗是无论赢输，还是平局，都只会使原本疲惫的人生更加疲惫的游戏。

事先告知考试题的考试

死后到天堂，知道上帝会问你什么吗？

他会问你：“你这辈子活得一点儿也不后悔吗？”

告诉了你上帝会问的问题，
所以从现在开始，
请努力做出模范性的回答。

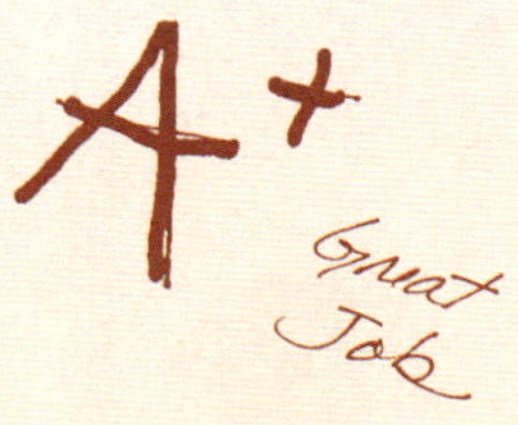

没有勇气的银行强盗不能勇敢地打开银行的门。
可即便如此，也并不是说他永远不能“抢银行”。
只要在有勇气的强盗“抢”完银行后出来的瞬间，
“抢”了他的东西就可以了。

当然谁也不知道有勇气的强盗什么时候会去“抢银行”。
但是，如果有毅力，能没日没夜地站在银行门前，
即使不直接“抢银行”，也是具有“抢银行”的能力的。

“只有有勇气的人才能得到这个世界。”
这句话是错误的。
毅力也可以战胜勇气。

裁判并不只存在于运动中，
在人生这场竞赛中也有裁判。
即便如此，选手和裁判也不是绝对孤立的，
我们本身便既是选手，又是裁判。

如果发现自己犯规，
就要懂得给犯规的自己亮黄牌。
那些懂得给自己亮黄牌的人，
到死为止也不会发生被他人亮红牌的事情。

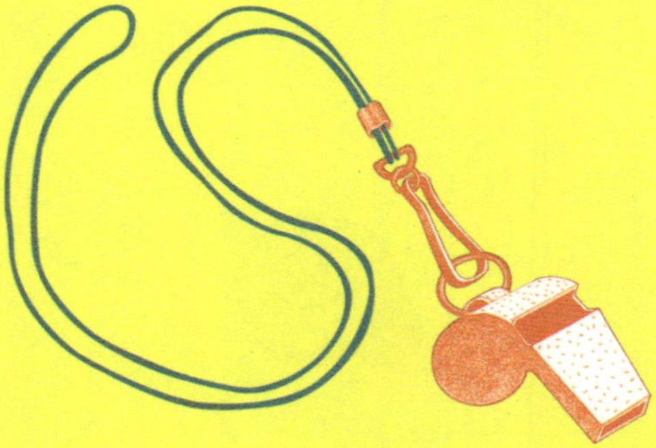

如果对出租车司机说，**“师傅，您车开得很好”**，
那么从那个时候开始，司机就只会好好开车。
这样您就能够舒服、安全地到达目的地。

不要用嘴巴去夸自己，而要多用嘴巴去称赞别人。
称赞别人是嘴巴所能够做得最好的事情。
如果你问我，要是嘴巴很痒，想夸自己，那该怎么办呢？
我会告诉你，痒的话，就自己挠挠。
夸我们的事情是别人的嘴巴要为我们做的事。

午饭时间，你和我面对面地站在交叉路口两侧。

我穿过马路，来到你所在的路的那边；你穿过马路，来到我所在的路的这边。我走进你走出来的那幢高楼，你走进我走出来的这幢高楼。我去到你不曾注意过的餐厅，你去到我不曾注意过的餐厅。我吃着你不喜欢的清曲酱，你喝着我不喜欢的牛排骨汤。不久后，你和我再次面对面地站在交叉路口两侧。我不知道我身边的东西是多么珍贵，你不知道你身边的东西是多么珍贵。

比起我们在镜子里看到的东西，世界离我们更近。

无法
看到我的镜子

当我们认真地看着镜中的自己时，我们会认真地补妆，整理发型，整理衣领。镜子告诉我们，我们有什么缺点和弱点，帮助我们完善自己，所以我们应该感谢镜子。但是也有一种镜子，在那里我们看不到自己，那就是汽车后视镜。后视镜告诉我们，认真观察这个世界如同认真观察自己一样重要。人生中遇到的或大或小的事儿，几乎都是在只顾观察自己却疏忽观察世界的时候发生的。

上帝的状态

掉落在路上的硬币，
并不是上帝扔给我的礼物，
其实，上帝是要把它扔到乞丐的碗里的，
可是由于上帝的状态不太好，扔歪了。
所以，在上帝状态不好的那些日子里，
我应该辛苦一下，
代替上帝把硬币放到乞丐的碗里。

有一个人突然停下脚步，抬起头，仰望天空。于是，对面走来的人也跟着抬起头，仰望天空。然后，一个接一个地，又有许多人抬起头，仰望天空。最后，原本行走中的路人全部都停下来，去看天空。可是，最初仰望天空的那个人早已离开。

有时候，我们仰望天空，却不知道自己到底为什么要这么做。只因为别人都在做，所以自己也跟着做。可是，却没人捡地上的硬币。

x=?
A-
B-
C-

世界上所有的苦恼都始于拥有了巧克力派般大小的土地。
我每天都在担心，如果地价下跌，怎么办啊？
土地被别人骗走了，怎么办啊？
朋友要用我的地作抵押，怎么办啊？
发生地震，我的土地毁于一旦，怎么办啊？
我的地里突然被发现有国宝级文物，我突然成了暴发户，怎么办？
如果我遇见拥有比萨那么大的土地的人，有损我的自尊心，怎么办？
如果巧克力派工厂倒闭的话，我应该怎么称呼我的土地呢？

但是，
真正拥有巧克力派的人，只有一个苦恼，

那就是，这个巧克力派，
我是自己吃，还是和朋友分着吃。

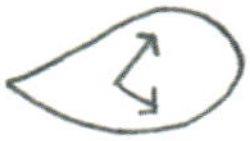

水是永不停息地流淌着的，
它不会只停留在一个地方。
所以，无论我是在上游，还是下游，
总有一天，我将会被水浇灌。
不要对那流动着的水穷追不舍，而要停在现在所处的位置，等待水流向我的那一刻。
同时，在水要离开的时候，不要紧紧抓住不放，不要挽留它。因为水不是你挽留就能挽留得住的。
水奔入大海，变成水蒸气；水蒸气升入天空，成为雨之后，会再次流到我这里来。

那么现在，请把文中的“水”字全部替换成“钱”字，重新阅读一遍。

想要回到过去。

无法回到过去。

世界上
最不熟练的小伎俩

用了一点儿小伎俩，赢了，
这种人是存在的。

但是，
用了一点儿小伎俩，赢了又赢，赢了又赢，
这种人是不存在的。

如果用这样的方法赢了，还到处炫耀，
那么这个人正在使用的是
这个世界上最笨拙的小伎俩。
没有小伎俩会在第二次、第三次照样行得通。

不相信“做就会成功”这句话。

但是，**“不做就会成功”**这句话
是压根儿就不存在的。

这里有10个单词，请试着从中找出与其他单词都没有联系的一个单词。**牙科、牙、牙龈、洗牙、蛀齿、牙膏、首尔站、牙刷、智齿、假牙**。就这10个单词，难吗？虽然看起来不难，可是不知道为什么，您觉得自己的答案好像并不是正确答案。您会不会有这种想法，觉得如果我心中想的是正确答案的话，就没有道理出这么简单的问题啊！

正确答案是首尔站，就是您心中的答案，首尔站。世界上的所有问题并不是因不知道答案而无法解决，而是因为缺乏自信或犹豫不决而无法解决。现在您所面对的或大或小的问题，如果按照您内心的答案去做，都能迎刃而解，只要您不是放弃或躲避的话。

椅子是用来坐的，用来坐着等待。
意志是用来站的，用来站起来，去斗志昂扬地挑战。

人生之所以艰难，就是因为这两个字的发音很相像。

该用“椅子”的时候，用了“意志”，错过了休息时间；
或者，该用“意志”的时候用了“椅子”，错过了机会。

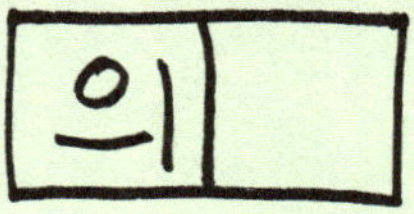

防　止
三寸之舌犯错误的是牙齿。
牙　齿　的　任　务　是　将　大
门　紧　闭，警　惕　舌　头　的　移　动。
在　来　不　及　阻　拦　舌　头　犯　错　的　时　候，被
飞　来　的　拳　头　打　伤，流　血　的　也　是　牙　齿，
舌　头　就　只　负　责　嘟　嘟　囔　囔　或　惨　叫　而　已。
虽　然　牙　齿　还　需　要　把　食　物　咬　断，咀　嚼　食　物，
但　是　负　责　感　受　食　物　味　道　的　却　是　舌　头。
在　牙　齿　的　百　般　呵　护　之　下，舌　头　不　会
生　病，上　了　年　纪　也　不　长　一　丝　皱　纹。
腐　烂、摇　晃、被　拔　出　的　仍　然　是　牙　齿。
牙　齿　度　过　如　此　这　般　痛　苦　的　一　生　后，
没　能　留　下　一　句　遗　言，默　默　地　死　去　了。
可　是　即　使　它　死　去，也　会　再　次
以　假　牙　的　样　子　复　活，
但三寸之舌却不能。

我
不是标准

世界并不以我为标准而发展。如果以我为标准制造智能手机，现在那么多难以理解的手机功能就不会出现了；如果以我为标准制作炸酱面，我就不会每次都纠结，该选择普通份儿装还是两份儿装了；如果以我为标准决定广告模特，金泰熙或全智贤的身价就不可能高过全度妍。

如果以我为标准制造香烟，不可能一盒里就只有20根，香烟的长度也不可能只有铅笔头那么长；如果以我为标准设计酒吧，酒吧一侧的角落里就不会安放简易床；如果以我为标准制作正装，就不会有令人窒息的领带在脖子前摇摇晃晃；如果以我为标准编制电视节目，怎么可能让那些吵闹的人独霸周末的晚上；如果以我为标准制作香辣牛肉汤，汤里面不会有类似稻草的蕨菜。

再怎么看我都不是标准。**因为我不是标准，所以没有人对我穷追不舍，一直问我“您满意吗？这样可以吗？可以放我一马吗？”**这样的问题。没有人一直占用我的时间。当标准真是太可怜了。

N
NW
NE
W
E
SW
SE
S
NW
N
W
NE
SW
E
S
SE
N
NE
E
NW
SE
W
SW
S
S
SE
E
SW
NE
W
NW
N
S
SW
W
SE
NW
E
NE
N

因为是第一名，所以要受到灯光的集中照射。如果被灯光集中照射，就非常刺眼。如果刺眼，视力就会下降。如果视力下降，就要买眼镜。如果要买眼镜，就要打开钱包。如果打开钱包，就会看到身份证。如果看到身份证，就会怀念过去的时光。如果怀念过去的时光，就会想起小伙伴。如果想起小伙伴，就想要见面。如果想要见面，就要给他们打电话。如果打电话，就会发现现在所拨打的电话是空号。如果确定了所拨打的电话是空号，就会变得很孤单。如果变得很孤单，就要想办法消除孤单。如果想消除孤单，就要把号码删除。如果删除号码，记忆也要一起删除。如果把记忆删除，大脑就会变得空荡荡。如果大脑变得空荡荡，就需要再次把它填满。如果想再次把大脑填满，就需要买新书。如果想买新书，就要去书店。如果想去书店，就要路过酒吧。如果想从酒吧经过而不受诱惑，就需要忍耐力。如果需要忍耐力，就要叼着香烟。如果叼着香烟，大脑就会被麻痹。如果大脑被麻痹，就感受不到空虚。如果感受不到空虚，就没有必要去填满它了。如果没有填满它的必要，就不用买书了。如果不用买书，就没有理由只是单纯地经过酒吧。如果没有理由只是单纯地经过酒吧，就要进去。如果进去，就要独自一个人喝酒。如果独自一个人喝酒，就容易喝醉。如果喝醉了，就会自问自答。如果自问自答，周围的人就会嘲笑我。如果周围的人嘲笑我，我就更会感到孤单。如果讨厌变得更孤单，就要离开酒吧。如果走出酒吧，反而没有可以去的地方。如果没有可以去的地方，就会整个人懵在那里。如果整个人懵在那里，天上的月亮就会对着我笑。如果月亮笑，我就会更孤单。如果我讨厌感到更孤单，就要跑着去躲避月亮。我跑着躲避月亮，月亮却一直跟来。如果月亮跟来，我就要跑得更快。可即使跑得再快，月亮也还是一直在我身后。如果月亮一直在我身后，那么我就无处可躲。因为无处可躲，我就不得不接受月光的集中照射。

直到死的那一天，
不是，是直到死的那一天都没能听到的话。

请给我一条鳀鱼。

在人群中的我，
也可能并不是真正的我。

소주

星星和月亮，谁会更孤独呢？
给您一个提示：
星星有无数个，月亮却只有一个。

对啊，这样的话，星星更孤独吧。
在无数颗星星中间，独自一人更加孤独吧。
就像你我一样。

经历

请反过来阅读“经历”。

经历并不是简简单单就能获得的。

我认为，恐龙灭绝的原因是因为它经常说谎。
你认为，恐龙灭绝的原因是因为它脚趾长得太丑。

为了证明我的主张，我展示了恐龙的嘴和颌骨的模样。
为了证明你的主张，你展示了恐龙的脚印和脚指甲的模样。

但是，谁的主张正确，谁的依据更有说服力，都已经不重要了。重要的是，对于你我荒谬的主张，恐龙一句也无法进行反驳，因为它没有存活下来。只要没有活着，就什么也不是。

不应该选择下雪天离开的原因是
雪地里会
留
下
脚
印。
你说诉地静静会印脚
离
去
的
方
向。
脚印会诉说你
曾有多少次
恋恋不舍
地
回
头。

直到春雨落下前，你要一直待在现在的位置。

겨울엔
떠나지 말아요

不让手指甲操劳，就让它弹弹钢琴，弹弹吉他，
吊儿郎当地玩儿就可以了。
错了。

一天去一次美甲店，涂指甲油，
像侍奉王妃、格格们那样对指甲进行护理。
果然，还是错了。

如果想拥有干净的手指甲，请让它劳动。
如果用手洗头发，手指甲自然而然地就变干净了。
如果用手洗碗，手指甲也自然而然地就变干净了。
拥有干净的手指甲的方法和拥有清爽的精神的方法是一样的。

깨끗한
손톱을
갖는 법

오늘
내일

星期五羡慕星期六。

星期六羡慕星期日。

星期日羡慕星期一。

等一下，星期日羡慕星期一的话，不奇怪吗？星期日能够睡一整天觉，却羡慕要去学校上班、公司上学的星期一，这不奇怪吗？没有什么可奇怪的。因为对于星期五来说，星期六是明天；对于星期六来说，星期日是明天；对于星期日来说，星期一是明天。所有的明天都拥有完整无缺的24小时，无论时间再怎么像离弦的箭一样飞奔，明天也丝毫不会减少。但是，今天是不会有满满的24小时的。即使在现在这一瞬间，今天也在一秒一秒地减少着。今天马上就要成为无法使用的昨天了。今天没剩多少时间了，所以请珍惜。

什么？

只有紫菜和米饭。没有腌萝卜，也没有鸡蛋，就只是紫菜和米饭。别人都是一边把奶酪放入火腿里，还一边点头哈腰地说着："拜托，请多多关照。"那么像紫菜包饭这类东西，有竞争力吗？如果它怀着简单制作一下就卖了算了的安逸想法的话。

什么?

这个竟然能卖得出去？！只有紫菜和米饭，能卖得出去？！是呀，如果是紫菜包饭的话，就要像个紫菜包饭的样儿，靠紫菜和米饭一决胜负。对于那些名为紫菜包饭，却想靠腌萝卜、鸡蛋、火腿和奶酪赢得胜利的紫菜包饭而言，反而是一种抨击。这告诉我们，无论做人还是做事，都要专注于自己的本质。

鞋子就是鞋子。红色的鞋子，黄色的鞋子，都只是鞋子。高跟鞋，低跟鞋，都只是鞋子。但是，如果在鞋子前面加上一个**“新”**字的话，那它就不再是单纯的鞋子了，而是激动，是兴奋。新家、新车、新衣服，如果某个东西前面加上一个**“新”**字的话，就像魔术一样，莫名地让人变得激动。

如同旧鞋子不会给人带来激动的感觉一样，陈旧的想法也不会令人激动。不激动就意味着没有欲望，没有希望。请在您的想法前面加上一个**“新”**字，对它施以魔法，可能那些曾沉重不堪的想法也会变得轻盈起来。

PART 2
爱是
什么

如果睁开双眼看爱情，

那么就会被爱情蒙蔽双眼。

如果发送邮件后，立刻点击收信确认，查看对方是否打开邮件；
如果到对方打开邮件前，点击了数十遍收信确认；

对，您现在是陷入爱河了。
爱情就是弹指间就可能消失的痛苦游戏。

사랑

您知道为什么人类要创造文字吗？因为想向喜欢的人表达爱意；因为想要把当面难说出口的话写在所爱之人家中的院子里，然后偷偷藏起来，远远地看，因此人类才发明了文字。但是雨却是个问题。因为在下雨天没有办法传达自己的心意，所以人类又有了一个伟大的发明，那就是纸。就如同人类悠久的历史那般，情书的历史也就开始了。

人们的需要造就了发明。显然，这句话说得并没错。但是，更细致地说，不是爱造就了发明吗？不是爱改变了世界吗？是的，在人类历史延续、发展的过程中，没有什么比爱具有更大的力量了。怎么样，你现在有没有在为人类的历史做出一点点贡献呢？您正在恋爱吗？很难说。人类最棒的发明，也许不是文字，不是纸，而是爱。

爱情就是把你监禁到我的心里，
宣判无期徒刑。

爱情就是装作听不见，
忽视陪审员们这样、那样的意见。

爱情就是把监狱钥匙扔到海里。

培根说过，

□ 的期间，也难以保持聪明。

海涅说过，

□ 疯了，就是一直重复相同的话。

□ 就是已经疯了。

托尔斯泰说过，

□ 没有年龄，随时都会找来。

Karen Sunde 说过，

□ 就是接收到天堂的一瞥。

艾丽丝·默多克说过，
只有靠______，才能学到______。

托尼·莫里森说过，
______有，或者没；轻轻地______，不是______。

维克多·雨果说过，
______就是信任。

金光石说过，
太疼痛的______，不是______。

您说，________________________。

拿起铅笔，一直写到将铅笔的黑心全磨损掉为止，一直反复写“爱爱爱……”，无穷无尽地。把数千张的纸都涂得黑黑的，把数千个夜晚都弄得黑黑的，直到你的心变得黑黑的，只留下灰末。

即使这样，如果爱情还没朝我走来的话，那就意味着那个爱情是不属于我的。新的爱情就是在那个时候找上门来的，新的铅笔也是那个时候开始用的。没有哪只铅笔有两个黑心。

飞机在预定的时间离开，人在某一天突然离开。

飞机飞远后成为一个点，人疏远后成为陌生人。

飞机，只要等的话，就会回来；人，如果离开了，就很难再回来。

莱特兄弟就是疲于等待才发明了飞机。

戒指是男女约定相互框束之后，
在彼此手上戴上的小手铐。

与刑事罪犯所用的手铐不同的一点是，
这个小手铐不用钥匙也很容易打开。

所以，将某人永远束缚起来是世界上最困难的事情。
爱情的同义词就是困难。

背影

背影看起来悲伤的人是悲伤的。
背影是无法说谎的。

卡萨诺瓦的失误是
不爱他人，
而爱“爱”本身。

FALL IN LOVE

✔ 因为不想被对方发现自己爱得更多，
就拼命地按压自己，控制爱的表现。

✔ 为了不受伤，常常处于防御状态，
别人靠近你一步，你就退后一步。

✔ 一直在计较两人相爱后谁的损失更大，
而且一直计较到小数点之后才牵手。

只要铭记这三点，
就能保证你在爱情中失败。

FAIL IN LOVE

与爱上不能爱的人所犯的罪相比，
不爱任何人的罪名更大。

所以神把犯了此罪的人，
关押到充满爱的监狱之外。

比孤独更孤独的事，
便是被人发现

我是孤独的。

上帝不应该把人造为男人和女人。
如果这很困难的话，就不应该给人以记忆力。

起初就不应该让他们相遇，
相遇了就不要分离，
分离了就不要再想起。

据此我推测，上帝可能一次也没有恋爱过。

你画了终止符号就离开了。

我在你画的终止符号下面，

画了想要回到过去的心。

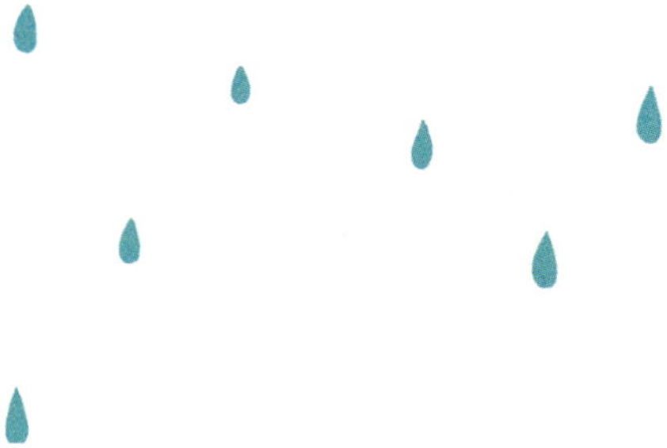

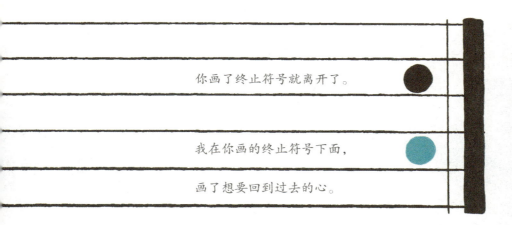

你爱鲸鱼吗?

爱。
非常非常爱。
可是我不会游泳,
没有办法靠近它。
很绝望。

如果你爱鲸鱼的话,
就应该把海水都喝干净。

有一个少年，因为个子很矮，所以讨厌和别人肩并肩地站着。他就一个人玩耍，一个人看着天空，白天和云朵对话玩儿，晚上就和星星对话玩儿。他觉得如果经常看高的地方，个子就会变高。可是这样做不仅个子没有变高，反而让人变得更孤独了。

家人甲也不断地给男孩做各种能增高的食物，把只要是能让他长个儿的药都买了，还带他去了所有能让人个子变高的医院。一连串下来，少年的个子好像稍稍长高了一点儿，可是却只能到此为止。因为家人甲花光了自己所有的钱，现在什么也做不了了。

家人乙一下子把少年举起来，举到自己的肩膀上。每次出去的时候，少年就常常那样“骑人马”。少年离云朵更近了，离星星也更近了，但是少年不能永远坐在家人的肩膀上面。家人乙在年纪大了以后，肩膀也慢慢变窄了。

家人丙打碎了自己的小猪存钱罐，买了一双增高鞋，送给了少年。少年穿上增高鞋后，突然就变高了，也产生了自信心，也不再害怕和别人肩并肩站着了。但是随着鞋底一点点磨损，不知不觉地，增高鞋已经磨损得无法再掩藏少年的身高了。

少年看着家人丁，这是他最后一位家人了。但是家人丁没有什么能为少年做的，所以下决心一定不要比少年长得高。于是他就不吃饭，在少年身边的时候，也常常是双膝微屈。但是，他的这些心意也没能安慰少年。

少年厌恶家人的无能，他认为没有取得效果的爱反而让他更累了，于是他离家出走。走出家门，少年见到了真正的世界。一直以来，少年的眼里只有家人，离开家的他开始慢慢看到一些他不曾见过的东西。然后他明白了，其实世界上还有很多比他更矮的孩子。

少年突然开始想念家人了，他想起了离开家的时候放入衣服口袋深处的全家福，于是他拿出照片。照片中5个人肩并肩地站着，其中个子最高的人不是妈妈，不是爸爸，不是姐姐，也不是弟弟，而是少年自己。这时，少年拔腿朝家跑去，眼泪也啪嗒啪嗒地落了下来。

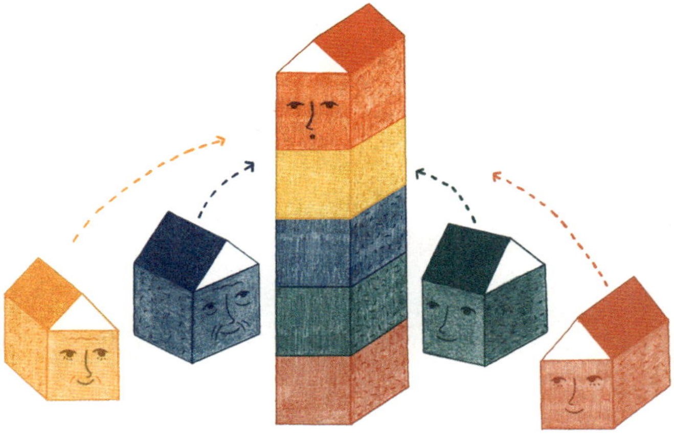

牙膏和牙刷的差异

“请借我用一下牙膏。”

“呐，给你。”

这是很容易就能听到的对话。

“请借我用一下牙刷。”

“呐，给你。”

这种对话很罕见。

家人就是那种，

能够不痛不痒地说出十分罕见的对话的人。

如果儿子长到能够够到妈妈的背那么高了，
那么就不能再带他去女浴池了。

请不要把儿子抓得太紧。

即使大脑忘记玄关密码，手也能摸索着找到密码。很神奇的是，手的记忆力比大脑的记忆力还好。如果想要拥有长久的爱情，请用手相爱。

轻抚爱人的脸颊，给爱人的手指上戴上花指环，掸落爱人衣服上的灰尘，喂爱人吃他喜欢吃的小菜，用双手比出心的形状，在爱人的口袋里握住彼此的手，等等。请让双手记住这爱情的感觉。

在遥远的将来，如果大脑中爱情的意识变得不再坚定，就连心中的爱情也不再坚定时；在看不到活下去的希望时，请伸开手，抓住爱人的手。接下来就让手像那样紧握着，如果恋爱时那激动的感觉复活，那么就证明爱情还没有完全消亡。

一次也没有给妻子好好过过生日。于是我带着反省的心态，请了一整天的假。一整天都在这里、那里乱逛，左顾右盼地给妻子买礼物。今年是妻子的第 33 个生日，为她准备 33 个礼物，连我自己都觉得这真是个好主意。当然，不可能 33 个礼物都是很贵的。我买了发夹，买了发箍，买了红酒，还选了一本书，一支漂亮的钢笔，一束花，一首歌……就这样，我准备了 32 个礼物。最后，第 33 个礼物是我自己。为了让自己看起来像是新的礼物一样，我特意去理发店理了发，把自己收拾得干干净净的。然后，我打开生日卡片，认认真真地写下了这 33 个礼物各自代表的意义，还写了 33 次“我爱你”。一天下来，钱包变薄了很多，腿也很疼，但是一想到妻子的表情，疲劳就一扫而光，心里满是幸福。

以妻子的幸福为由，反而使我自己变得更加幸福。

全家福里的家人数少了很多。
先是爷爷、奶奶走了，
接着第二个、第三个孩子也没有了。

但是请不要认为爱也因此减少了，

因为能够给每一个家人的爱，
也那般地变多了。

妈妈总是站在叫一声“妈妈”就能听到的位置。
即使子女飞走，去寻找自己的爱，与妈妈之间的距离也不会变远。

妈妈就是妈妈，
永远的妈妈。

昨天在首尔江南区认识了新妈妈。
今天在新村认识了新儿子。

这可能吗？
不可能。

家人是不可替代的。

山看起来非常美，那是因为隔得远。
如果登上山，再次看，就会发现许多不美的东西。

如果你以前觉得很美的人，现在一点儿也不美了，
那是因为你们之间的距离缩短了。
因为你们彼此靠近，所以渐渐看到了先前不曾看到的东西。
此时，请你退后几步，重新审视那个人。

应该退到什么样的距离呢？
退到初次见面时，你的目光完全被他吸引的那样的距离。

退到初次见面时的距离

小岛其实并不孤单，
只是因为它们安静地相爱而看起来很孤单。
即使波涛哗啦哗啦地拍打它的身体，
海鸥嘎嘎地叫着，撼动它的心灵，
小岛也在水下紧握着对面小岛的手。

人也是一座小岛，
只不过是有两只手的小岛。

在爱情的路上，
既没有减速带，也没有限速监视器。

所以，如果你们相爱，请飞速奔跑起来。

人除去身体，剩下的便是心。
它比身体轻，常常晃动；
它比身体弱，常常患病。

但是，这一生中，
身体都非常羡慕心。
因为身体所能爱的东西不及心的 1%。

如果出现了小肚子，怎么办？

请接吻。请进行火热的接吻，直到快窒息为止。
因为在接吻期间，你什么也不能吃。

如果未成年人出现小肚子，怎么办？

不要吃拉面、辣炒年糕、血肠，请快快长大。
早日成为成年人，然后进行火热的接吻。

接吻了，可还是出现小肚子，怎么办？

对此，请不要担心。
如果能伴随着爱情生活下去，那么小肚子这类东西不构成任何威胁。

请说出你所知道的所有词语，然后在后面添加“我爱你”。有没有说不下去的词语？是不是有很多？强盗、垃圾、战争、杀人、高利贷者、堕胎、分裂、拷打、癌症、独裁和朴科长。

如果能在很短的时间内列举出 11 个左右，那还真是不少啊。但是，你所知道的单词应该至少也会有 100000 个吧。
除去这 11 个，还爱剩下 99989 个单词，而我则爱这样的你。

我爱你

我有送过自己礼物吗?
右手给礼物，左手接礼物。
送出礼物的我很高兴，收到礼物的我也很高兴，
还可以不用寻问到底想要什么礼物。

所有的爱都是从爱自己开始的。
那么，我应该可以期待自己的下一个生日了吧。

PART 3
想在人世上呼吸

“我”聚集起来，不会成为“我们”，

只有抛弃“我”，才能成为我们。

请暂时把书放到一边。然后用右手，顺着左胳膊、肩膀、胸膛、腰、大腿、膝盖、小腿、脚后跟抚摸下去，就像勾画一条长线一样，缓缓地摸下去。如果在某个地方碰到非常尖锐的东西，那么就请把手停在那个地方。怎么样，您的右手是不是一直摸到脚后跟，一次也没有停下？是的，人的身体从头到脚都是温和的曲线。这就意味着，不管人再怎么紧紧相拥，也不会被彼此刺痛，或者弄伤。

我叠的，
却又不是我叠的

我叠了一只非常纤细的纸鹤，但是如果有人问这是谁叠的纸鹤，我可以回答：“是我叠的吗？这不是我叠的。”虽说是我叠了纸鹤，可是并不是我一人叠的。某人种了树，另一个人给树浇了水；又有人砍了树，另一个人用树造了纸，然后又有人把纸拿给了我。

而且又有某人告诉了我叠纸鹤的方法，又有人介绍我认识了教我叠纸鹤的人，另外又有人介绍我认识这一中间人。所以，即使我叠了一千只纸鹤，也没有一只是靠我自己叠成的纸鹤。只有与我的手暂时相遇的纸鹤。

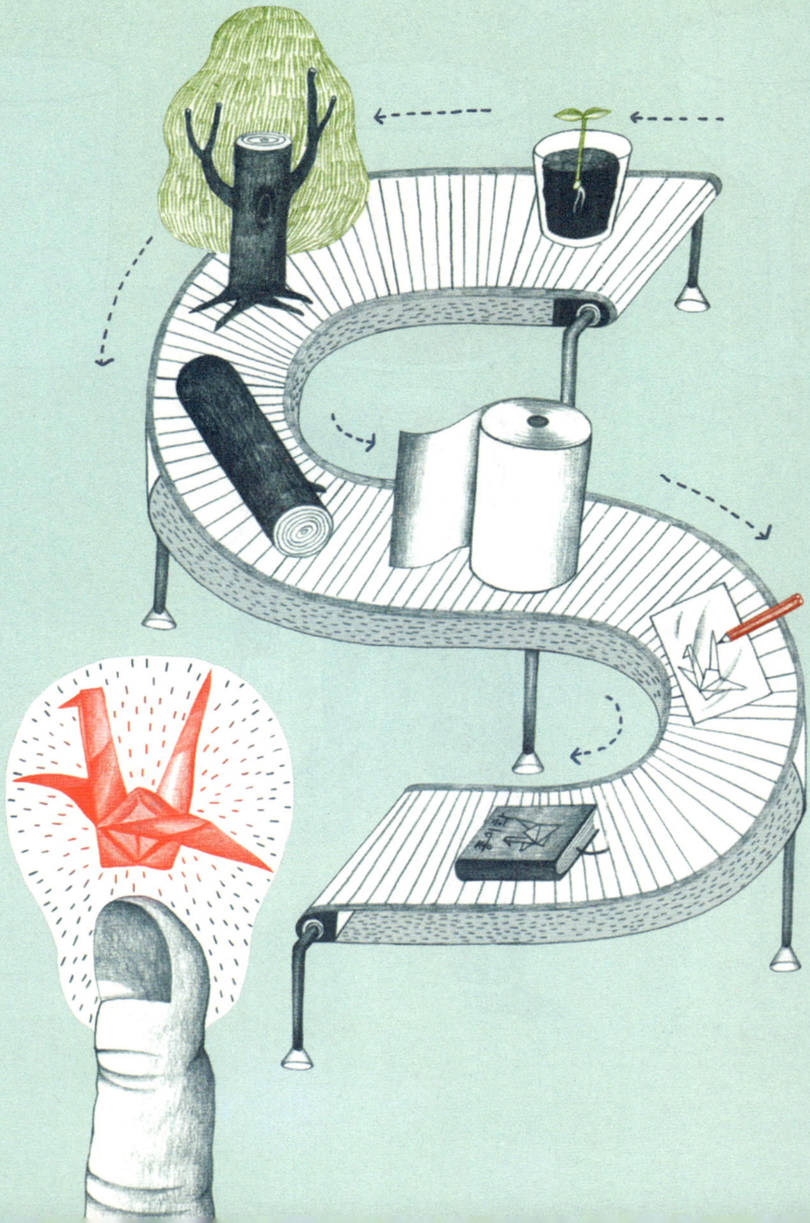

水在 0℃～100℃才是水。
人在 36℃～37℃才是人。

所以比起水，以人的身份活下去要难 100 倍。如果一个人像水那样变凉变热，体温变化严重，像水那样依据容器而变换自己的形体，那他就不是人了，而是水。那样的话，他总有一天会变成水蒸气，销声匿迹。

被老虎叼走而学到的东西

妈妈告诉我，在被老虎叼走的时候，
不要苦苦哀求，“妈妈等待我”。
因为即使你哀求，老虎也会眼神坚定地说，

它们那饿着肚子的孩子也在等待食物。

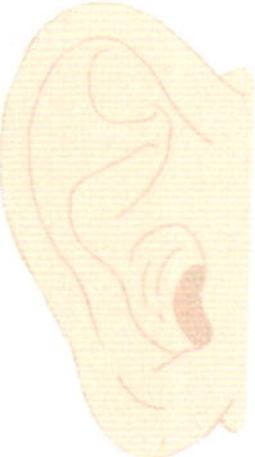

对我来说，再怎么动情、真挚的理由，如果不能打动对方的心，那就无异于一掠而过的风声。与其这样，倒不如对老虎说我是劣质食品，或者说如果想要孩子长大，就要从小开始培养其自立能力。**如果想要对方听进我们所说的话，就要说对方想听的话，而不是单纯地说自己想说的。**因而，“即使被老虎叼走，只要打起精神，也能活命”的俗语，是从老虎的立场来讲的。

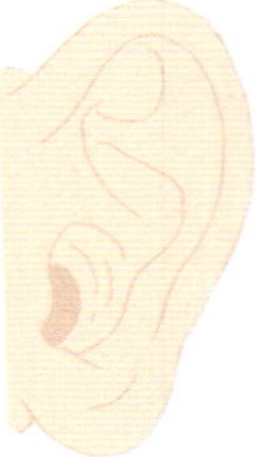

我非常了解您读文章的习惯：先瞥一眼题目，如果有吸引力，就读下去；如果没有，就那样掠过去，对吧？选书的时候也是被题目牵着走，对吧？一直到读到本文为止，对于题目一般的文章，也是直接掠过不看，对吧？对于本文，也是看了题目，好奇到底是什么内容，所以坚持着一直读到这里，对吧？

不是，我完全没有要干涉或批评您阅读习惯的想法。况且，阅读这本书里的文章，也不必像阅读教科书那样从头读到尾，您只要像以前一样，先看看题目，只读感兴趣的文章就可以。

其实，我也知道题目的重要性。在此，我想说的是，请不要用这样的方法去“读人”。

只看这个人的“题目”——名字或副标题，工作或住所——就推测这个人应该是这样或那样的。因为那个人的题目或副标题只是他的外表。吃一口橘子皮，觉得涩，然后就说橘子的味道涩，**这是不可以的。**

你的心门用粗笨的锁锁着。
我无法打开这把锁的原因，
并不是因为我的手里没有钥匙，

而是因为，
我手里的钥匙串儿上有太多的钥匙。

如果想用美丽的方法说服对方，
如果想用美丽的方法压制对方，
那么应该在句子最前面加上感叹词。

哇，真是个好主意！
啊，谢谢你坦白告诉我！
对啊，你说得很对！

感叹、感谢、赞扬，会使对方解除武装。

不要把拳头攥得太紧，
请让拳头里面稍稍进点儿空气。
在你认为拳头放松、没那么紧的时候，
再使用拳头，
因为拳头里的空气会在阻挡致命一击的时候起到缓冲作用。
但是如果拳头紧握，一点儿空气也进不去的话，
就无法期待会有什么缓冲效果。
这样的拳头不仅会打断对方的骨头，
也会让它自己受伤。
为了给对方以致命一击，反而让自己受到致命一击。

同理，在使用舌头的时候也是这样的，
因为舌头是嘴巴里的拳头。

拿刀子的手的动作很重要，但是拿着苹果的手的动作也同样重要。
削苹果时，左手和右手要协调配合，爱情也如此。
不管是哪一只手，一旦节奏打乱，手就会被割伤，苹果上就会沾上血。
出血后再道歉，这既是对苹果的失礼，也是对爱情的失礼。

无人岛上没有
嫉妒、贪婪、背叛、阴谋、刁难、憎恶、执着、怀疑、耍赖、忧虑，

真令人羡慕。

无人岛上没有
爱情、幸福、信任、安慰、感谢、夙愿、谦虚、希望、关怀、赞扬，

真可怜。

把手绢递给正在流泪的人，是傻瓜才会做的事。

因为并不是眼睛在流泪，而是心在流泪。

如果你没有能够擦拭心的手绢，那就应该默默地紧紧抱住他。

把我的心借给他，直到那个人的心变温暖为止。

为什么父母是爸爸和妈妈两个人呢？

因为一个人要训斥孩子，
一个人要抱孩子。

那么您是教训孩子的那一位呢，
还是给孩子拥抱的那一位呢？

加法是欲望。
减法是浪费。
乘法是贪得无厌。
除法是爱。

我们应该首先教给小学生的不是加法，而应该是除法。

不是因为除法本身难，
孩子才觉得它难的，
而是因为除法不常做，
孩子才觉得它难的。

禁止

达·芬奇先生，您当初为什么没给我画腿呢？在近500年的时间里，不能走的我，一直在墙壁上待着，都没有办法动。我非常想念人那温暖的体温，但是，我一直接触的都是那冰凉的墙体。

如果您给我画上腿的话，我会从墙上出来，向前走一两步，而且还要把**“禁止触摸”**的警示语清除得干干净净。因为对于无比想念人的体温和双手的我来说，这是比世界上任何刑罚都残酷的一句话。

万岁
大喊万岁的时候将两手上举的动作，与遇到强盗时举起两手的动作一模一样。大喊万岁时，奋力举起两手。但不要长时间举着手笑，因为强盗可能会靠近你，告诉你不可以把手放下来，然后偷走你内心的喜悦。

眨眼
闭上一侧的眼诱惑某人的这一动作，与接受视力检查时闭上一侧的眼，检查另一侧眼睛视力时的动作一模一样。不要常常随便对别人眨眼。如果形成仅用一侧的眼睛看人的习惯，可能会永远失去另一侧眼睛的视力。

握手
两人握手的动作与掰手腕时两手拉着的动作很相像。见面很高兴，伸出手握手时，虎口部分不要太用力。若是在握手时过分彰显自己的力量或权威，那么握手可能会变成掰手腕。

再见
见面时高兴地挥手的动作与离别时不舍地挥手的动作很相像。见面的时候与分别的时候应该始终如一。离别的时候，像再也不会见面似的，以冷冰冰的表情返回的人，可能过不了多久就会失去一个人。

请戒酒。请戒烟。请戒咖啡。请戒读报。请戒电话。请戒电视。请戒网络。请戒电影。请戒出租车。请戒购物。请戒戒戒，都戒掉。但是不要戒人。因为如果戒人的话，就连爱一起戒了。如果爱被戒掉，希望也被戒掉了。如果只有戒掉人经济才能好转的话，还不如戒经济。

拳击是孤独的游戏。
在没有安全出口的四方空间里，
只把两个人放在空荡荡的场地上。
拳击是嘴里咬着护齿套，疼也没有办法喊停的，
又狠毒又孤独的游戏。

战胜孤独的唯一方法就是抱住对方。
不是举起拳头把对方撂倒，
而是用胸膛搂住对方。
因为如果把对方撂倒，就剩下自己一个人了，
那样的话，会更孤独。

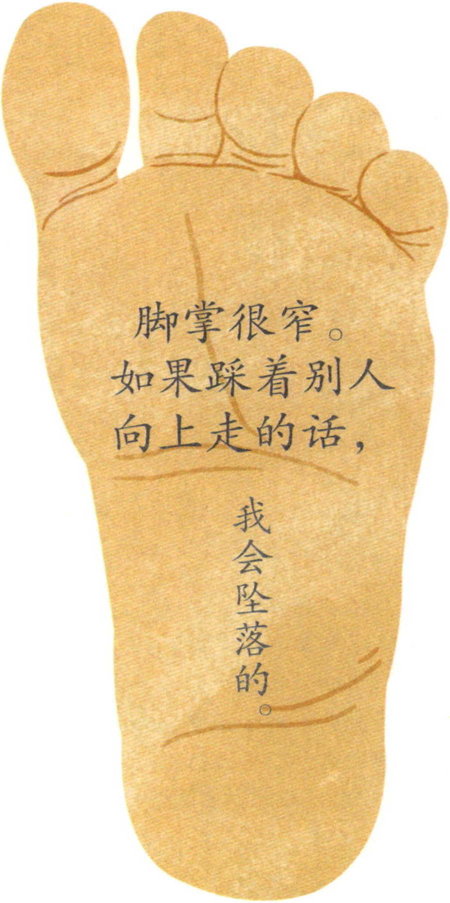
脚掌很窄。
如果踩着别人
向上走的话，
我会坠落的。

如果寻问冻明太鱼在它是明太鱼的时候的记忆，它一句话也答不出来。请不要因此啪啪地敲打冻明太鱼的头，数落它，骂它令人心寒；也不要为了唤醒它的记忆而把它拖到东海里去。

冻明太鱼并不是因为想不起来而无法回答，而是因为它的嘴被冻住了才无法回答。所以如果遇到寡言少语的人，要想一下，或许是我让他的嘴闭起来了。

如果蚊子落在秤上，秤都不会去理会。
因为对于秤来说，蚊子的重量可以忽略不计。
但是如果蚊子落在杠铃上，那说法就不一样了。
韩国大力士张美兰对于添加在杠铃上的蚊子的重量是无法感受不到的。

重量就是那样的东西，负担也是那样的东西。

低头看一下，自己这个包袱正压在谁的头上。

如果您点头的话，请在此时把书合上。
如果您觉得对书过意不去，硬是读到最后的话，
书可能因受到更大的伤害而哇哇大哭。

勉强不是关怀，不是照顾。

**不管是对书，还是对人，
都是一样的。**

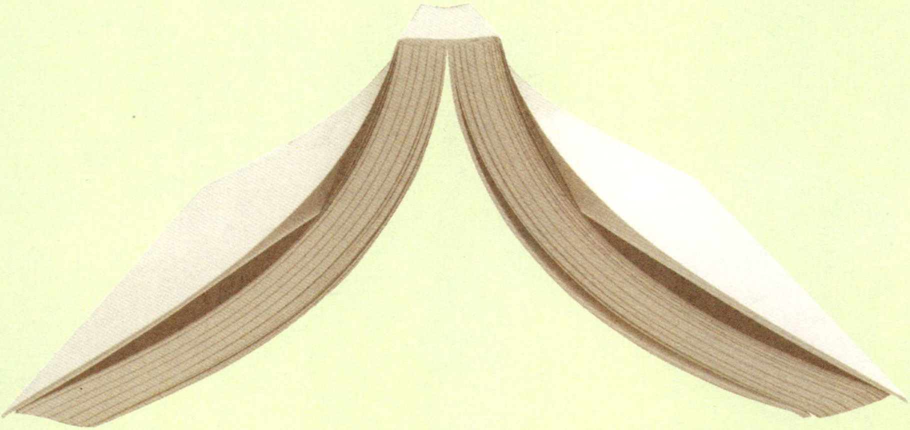

上帝把不是很重要的东西放在显眼的位置。谁个子高，谁个子低；谁皮肤白，谁皮肤黑；谁的脸漂亮，谁的脸丑；谁瘦，谁胖，这些东西看一下就能知道。

但是谁的心温暖，谁的心冰冷，却无法立刻就知道。如果不经过长久的交往，根本无法了解。上帝的深意是，最重要的东西要藏得最深。不知道我们是否明白了上帝的深意。

5个人
如何在4人餐桌上吃饭

1. 1个人站着吃。
2. 4个人吃完后，剩下的1个人再吃。
3. 将4人用餐桌换成5人用餐桌后，再一起吃。
4. 5个人都坐在地板上吃。
5. 都饿肚子。

我推荐的方法是4号和5号。
首先，4号。不知道这个方法会不会伤害到餐桌的自尊心，但是放弃餐桌是最好的方法。因为无论是要求腿部粗壮的人做出牺牲，还是要求不太饿的人做出牺牲，即牺牲人的方法，我都是无法赞成的。热饭变成凉饭，即牺牲时间的方法，当然也是不赞成的。牺牲人也不可以，牺牲时间也不可以，这便是人生。请不要因为那么一丁点儿的舒适或一丁点儿的优越感而错过更重要的东西。

5号。这个方法是用来狠狠教训这5个人的。他们毫无计划地洗了米，生了火，煮了汤，所有人却对做饭后就要吃饭这件事装作不知道的样子。因为他们觉得不管怎么样都会吃饭的，就是这种安逸的想法导致出现了现在这样难办的情况。他们起初就应该准备一张可供5人使用的餐桌，不然，就应该少邀请1个人。一点儿长远目光也没有的人，饿一顿也是应该的。

好热心

“好热心”是一个年轻人的名字，这个名字是我迄今为止听到过的最新鲜的名字。我不知道他的父母是谁，也不知道为什么给他起这个名字。为什么不起一个“胜过别人”或“先于别人”意思的名字，而是起这么一个让自己吃亏的名字呢？

当然，只看名字是无从得知父母的想法的，而且也无从得知该青年在生活中是不是对别人热心。但是在听到他名字的那一瞬间，我会禁不住回头看看我们的名字。

我们的名字大略分为四类：

只对我热心

只对我的家人热心

只对我的小区热心

只对我的国家热心

可不能让名为**“好热心”**的青年发现我们令人难为情的名字才好啊。

你的职业是把钉子打倒。
世界上所有的钉子如果遇见了你，都要被深深地活埋到木头里面去。
偶尔也有钉子以直挺挺的姿势顽抗，
但是最终还是弯腰进入木头里面，丢掉了性命。

你在钉子面前就是天下无敌。

可是你也不要因此小瞧这不起眼儿的钉子。
在你把世界上的钉子都活埋了，
给最后的一枚钉子一击的那一瞬间，
就是从那一瞬间开始，
你再也没有什么可做的事，成为一名失业者。

只有钉子活着，你才能活着。

人喝酒。

酒喝酒。

酒喝人。

信奉酒是毒的人认为，
以上是倒在酒中的三个阶段。
好像是那样的，
但是还有一个阶段他们不知道，

那就是人喝人。

你跟着我，我跟着你；
你喝我，我喝你。
你我消失，合二为一的时间，
如果这个时间是毒，我将愉快地举起毒酒杯。

唯一不会老去的动物

他的名字是

朋友。

书桌边密密麻麻的百事贴都用相同的四方表情盯着我看。然后我看着百事贴，一个人、一个人地回想。等一下，那个黄色的百事贴上写着的名字，我现在已经记不起那人的模样了，上面的电话号码也已经褪色。那个黄色便利贴在那个位置一待就是一年。

百事贴的黏结力比想象中还要好，生命力比想象中还顽强。对啊，与手机里存的那些一次也没有按下过的名字相比，可能百事贴上的名字更幸福，好歹偶尔眼光掠过时，会看它们一眼。

因为把一个人的名字从人生中取走，比想象中还需要勇气。

在客厅地板上，俯身趴着看漫画。
打开手机，按按钮，打开游戏。
看着镜子，一秒变换一次表情。

这些都是独自玩耍的常见方式。
其实，从严格意义上来说，这些还不是独自玩耍，
而是与漫画玩儿，与手机玩儿，与镜子玩儿。

一整天抬头只看天空，
那是与云朵玩儿。

闭上眼睛，回想辉煌的过去，
那是与过去玩儿。

躺着什么也不想，
那是与地板玩儿。

看起来好像并没有完全意义上的独自玩耍。
如果没有独自玩耍的话，
那独自活着会更痛苦吧。

人对山说：

“谢谢你一直在那个位置。
谢谢你接受我。
谢谢你默默地听我说话。”

山对人说：

“谢谢你来找我。
谢谢你让我不害怕孤独。
谢谢你听我讲话。”

谢谢是会传染的。

爱

安慰

感谢

关怀

比起这种温暖的话，有更温暖的话。

我爱你

我来安慰你

谢谢你

我照顾你

世界上所有的话在落实到行动上时，都会发光。

PART 4
如果不想拧疼世界

人猿泰山在雨林中发现了禁果，然后猴子偷偷把禁果吃了。这是很明显的，因为如果不是这样的话，就无法解释，为什么只有它自己知道内裤的文明，在自己身上围了一个东西遮挡。

而且很明显，由于它自己偷吃了禁果，所以被动物们集体孤立。如果不是这样的话，就无法解释，为什么它一次也没有在动物王国中出现过。

问题是，经受不了被别人孤立的人猿泰山逃出了雨林。如果不是这样的话，我们身边怎么会突然多了那么多想吃独食的人。

用掸子把灰尘都拍打掉的话，灰尘就消失了吗？
不是的。
灰尘藏在空气中，通过嘴巴进入到我们的身体里，
虽然眼睛暂时会舒服一点儿，但是肺会非常不舒服。

眼睛所做的事情总是这样，
为了解决显现出来的问题，
而制造出更大的、看不见的问题。
如果只看到显现出来的东西，
那这与“我不要看”没有什么不同。

你不是房间的主人，却动手整理了一片狼藉的房间，这与胡乱翻乱别人的房间是一样的。不管再怎么杂乱的房间，房间主人也在无序中拥有自己特有的秩序。因而，不要只因为你看不到房间主人的秩序，就随意下结论说，这杂乱的房间没有秩序。您这种想法本身就是毫无秩序的。

请不要随便整理别人的房间，也不要

随便整理别人的思想。

帮您给花店起个名字，好吗？

销售幸福的店，怎么样？

帮您给米店起个名字，好吗？

销售幸福的店，怎么样？

给您的书店起个名字，好吗？

销售幸福的店，怎么样？

需要也给银行起一个名字吗？

对不起，没有自信给银行起名字。

幸福的反义词

幸福的反义词不是不幸，
而是不满。

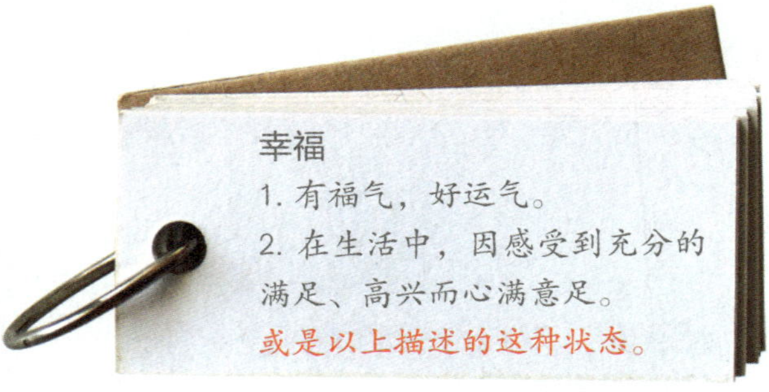

幸福
1. 有福气，好运气。
2. 在生活中，因感受到充分的满足、高兴而心满意足。
或是以上描述的这种状态。

翅膀看起来很小，想要让翅膀变大，于是开始多吃。接着身体变重，就飞不起来了，所以又开始减肥，不吃东西。这时候，翅膀连挥动的力气也没有了，一拃远都飞不了，于是又开始适当地吃，渐渐地身体回到了原来的状态。翅膀感觉很轻松，一口气好像就能飞百里远。但是，翅膀又看起来很小了。笨蛋！

心灵
监狱

比起身体犯的罪，心灵犯的罪更多。
但是，为什么只把身体放到监狱里呢？
为什么没有心灵监狱呢？

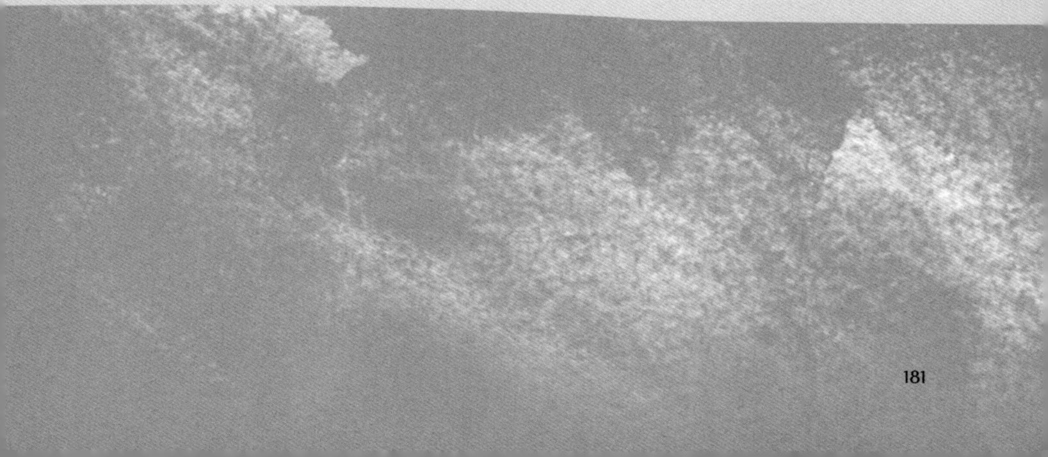

对于苍蝇来说，
粪比花香。

不要问为什么，
这就是苍蝇。
苍蝇也不问我们，
为什么我们觉得花比粪香。

请不要说风扇很凉快。风扇总是流着汗，转动翅膀，怎么会凉快呢？多亏了电风扇，我们才凉快。

请不要说床很舒服。床一直都承担着人的重量，怎么会舒服呢？多亏了床，我们才舒服。

请不要说笑星很有意思。饱受编辑折磨的笑星，怎么会觉得有意思呢？是笑星让我们觉得有意思。

因此，
请不要说妈妈很温暖。

让鸟笼中的鸟变得不幸的最简单的方法是什么？
给它解释自由的含义，
而且还是在关着鸟笼的门的时候。

大海对海鸥每天都亲吻自己数百遍深信不疑。
可是，由于大海沉浸在亲吻的飘飘然中，
都没有察觉鱼儿被海鸥偷走了。

当我们大发雷霆的时候，皱眉头。当我们脱口而出难以启齿的脏话时，皱眉头。当我们在某人背后批评他的时候，皱眉头。当我们夸张地表达自己的疲惫的时候，皱眉头。长时间轮不到自己，无法等待，当我们懊恼地说“为什么世界这么磨磨唧唧的”时候，皱眉头。当我们质问着“你为什么不爱我而爱他”，不讲理的时候，皱眉头。当我们紧抓着还没有发生的事情，杞人忧天，像马上就要死的样子，一个劲儿“哎哟”的时候，皱眉头。当我们打断别人的话或是争论的时候，皱眉头。当我们一边说着“这是我的，谁也不许碰”，一边警惕并疑心世界上所有人的时候，皱眉头。当我们紧抓别人的缺点不放的时候，皱眉头。当我们的祈祷里满是贪欲的时候，皱眉头。当我们对受伤的人扔忠告的匕首时，皱眉头。而且，当我从别人的嘴里听到这些话的时候，同样皱眉头。

拥有好的面容的方法是，
拥有会说话的嘴。

我们为什么会头痛？
是因为嘴。

由于嘴犯错，嘴的失误，头才疼。
所以我们把头痛药泰诺林放入嘴里，而不是放进脑袋里。

题目是**《我的大脑的使用方法》**，
可是为什么没有说明具体的使用大脑的方法呢？

请再读一次题目。

题目说的是**我**的大脑的使用方法，
而不是您的大脑的使用方法，
它是名为郑喆的人的大脑的使用方法。

请您去发现您自己的大脑的使用方法。

我也应该寻找只属于我的大脑的使用方法。
这本书的任务就是使您下决心去寻找自己的大脑的使用方法。

郑澈大脑使用法

文章应该是有意思的，或者能够带来感动，或者能使我回顾自己，又或者可以改变我看世界的方式。不管是以上哪种，我认为只有能从中得到些什么，这才算是文章。只有这样的文章才算完成了它的任务。这些理所当然的想法也可能并不是理所当然的。要从中捞到一个东西才算是文章的想法，不知道是不是固定观念。

所以我提起笔，打算写一篇读者从中什么都得不到的奇怪的文章。我一直注意着铅笔，威胁它说，不可以写出有意义、有趣的文章——就是现在写着的这篇文章。

到此为止，好像写得很顺利。现在只要遏制住装作作家，装作了不起、想要教给别人点儿什么的错误想法就好。所以，您最好也不要想着从这篇文章里学到什么，在这里直接跳到下一篇文章也可以。

来，现在这篇什么都教不了你的奇怪文章应该结束了。在纸和笔被发明后，第一次诞生了毫无写作目的的文章。这是个历史性时刻。现在您是不是还在期待这篇文章最后会有什么反转，所以还有所迷恋呢？抱歉，真的什么都没有，真的什么都没有，辜负了您的期待。

当然，我有非常忌讳、非常不喜欢的一个点，那就是您。您可能表现出了我完全不期待的荒唐反应。如果您对于我打算写一些毫无意义的文章的想法，“噗”的一声笑了出来，感到有点儿意思；又或是认为我那想要摆脱固定观念的笔的努力很牵强，是没有意义的尝试的话，我奇怪的尝试将化为泡影。变本加厉的我会开始一面自言自语“新的尝试，新的尝试，我也应该做”，一面怒视周围，大喊：“啊，我和我的笔绝望了！”我将被打上半吊子作家的印记，永远写不出没有意思、没有意义的文章。

期待您的毫无反应。

游乐场里的孩子们并不只是在那玩儿，
而是在学习学校里不教的**人生**。

独自坐在秋千上，学习**独立**。
玩滑梯滑下来，学习**谦虚**。
在单杠上倒挂着，学习**勇气**。
用沙子做饭，一起吃，学习**分享**。

游乐场也应该
对大人们开放。

想要确认红、橙、黄、绿、青、蓝、紫的人，无法看到彩虹。
想要区分哆、来、咪、发、梭、拉、西的人，无法沉浸在音乐中。
只想背诵太定、太世、文端世的人，不能与历史相遇。

嘘!

我再稍稍动一点，

你不要动了。

“中乐透一等奖的概率，比在去买乐透的路上被雷劈的概率更低，您知道吗？”

“知道。”

“那为什么买乐透呢？”

“因为我的人生不懂什么是失败。
这个反而让我很不安，很害怕，
所以想要学习面对失败和挫折的方法。”

“一定要花钱用这个来学吗？”

“如果花光了钱能学到人生的话，我认为花掉的那个钱做了自己该做的事——在对待人生的真诚和谦虚的姿态面前，低下了头。”

“所以，应对失败的方法和应对挫折的方法，都学到了吗？”

“都学到了。”

“但是为什么又买乐透呢？”

“我之前不知道失败和挫折会成为习惯。”

「절반의 행운, 절반의 기부」
나눔 Lotto 6/45
제 586 회
발 행 일 : 2014/02/20 (목) 19:06:52
추 첨 일 : 2014/02/22 (토) TR :1437834373
지급기한 : 2015/02/23
A 수 동 02 07 12 21 30 34
B 수 동 02 04 07 15 33 43
C 수 동 14 17 20 21 34 44
D 수 동 12 15 17 30 34 37
E 수 동 08 15 23 25 26 35
금 액 ₩5,000
58450 97467 03491 67680 60045 51961 23451

12
1
2
3
4
5
6
7
8
9
10
11

手表整天绕圈，也不睡觉，就只是绕圈。发洪水了也绕圈，发生战争了也绕圈，一直等着干电池没电的那一刻，一圈一圈的真让人寒心。哪怕就一秒，你不能给我们展示出有创造性的移动吗？每天都是那个速度，每天都是那个方向，每天都是那个声音，不无聊，不讨厌吗？一生都在墙的一角挂着，雷打不动，我都不知道你为什么活着，为什么出生。

等一下，就算你是那样的，那么一整天都偷偷地看你这样的令人寒心的家伙的我，只等待下班时间到来的我，是什么？抱歉，我就是你啊！

AA 制因为没有人情味儿，所以令人讨厌吗？

那么你结账。

天用雷声来表达自己的怒气。轰隆隆、哐哐的雷声合着闪电和风雨，好像要把整个世界乱翻一气，再吞下去。但是第二天早晨，它就好像在说，“我什么时候那样了”，又把带着嫣然一笑的太阳派出去。

大地用地震来表现自己的怒气。哆哆嗦嗦、哐哐的地震使火山大爆发，使大海翻滚，撕扯整个世界。但是第二天早上，它就好像在说，“我什么时候那样了”，又把青蛙派到大地之上。

人们则用比雷声、地震更加致命的三寸之舌来表现自己的怒气。三寸之舌不断地、毫不顾忌地说各种脏话，表达批评和憎恶，直到对方昏厥过去。而第二天它就会懊恼不已，念叨着“为什么那样了，为什么那样了”，非常后悔。

**“跳高练到这里就好了。
从现在开始练习扔铅球。”**

不要用拿破仑的“没有不可能”为难跳蚤。
而且，对跳蚤不能说的话，也请不要对人说。
世界上因为模仿拿破仑而爬不起来的人，
比把不可能变成可能的人更多。

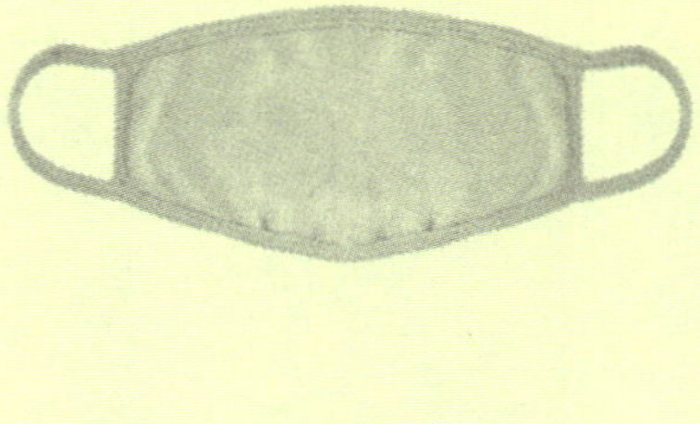

调查了离婚的人们，
发现了他们身上一个令人震惊的、非常明显的共同点。

不是性格问题。
不是经济问题。
不是子女问题。

他们的共同点是都结过婚。
问题是由结婚造成的，所以请不要只骂离婚。

对于比我会跑的人，劝他选择田径。
对于比我脚腕儿有力气的人，劝他选择泰式拳击。
对于比我跳得高的人，劝他打篮球。
对于比我柔韧性好的人，劝他练体操。

然后，他们都从操场上消失了。
现在再没有人比我踢足球踢得好了。

但是，不久之后，
这篇文章的题目就变成了**《不踢足球的方法》**。

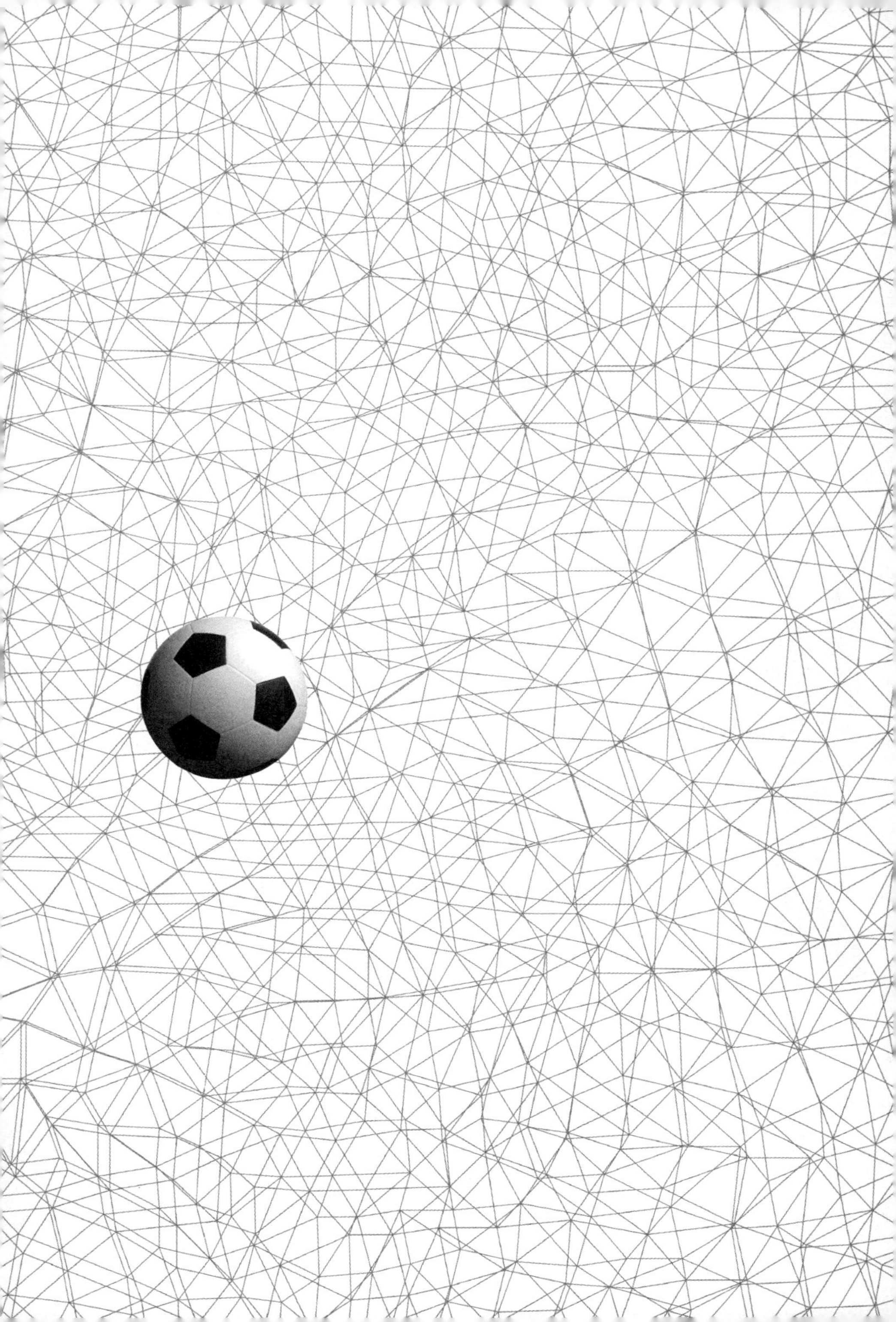

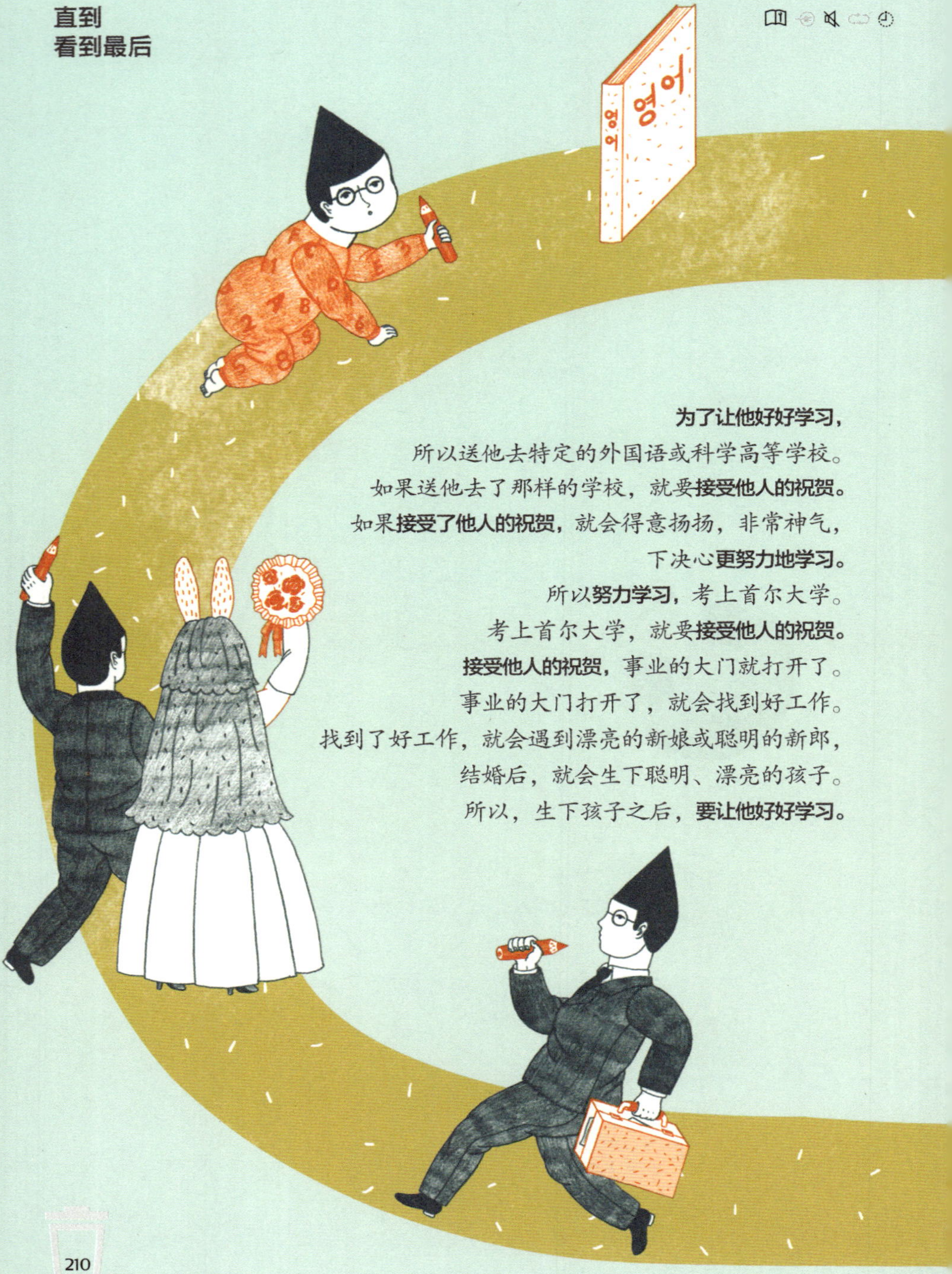

为了让他好好学习，
所以送他去特定的外国语或科学高等学校。
如果送他去了那样的学校，就要**接受他人的祝贺。**
如果**接受了他人的祝贺，**就会得意扬扬，非常神气，
下决心**更努力地学习。**
所以**努力学习，**考上首尔大学。
考上首尔大学，就要**接受他人的祝贺。**
接受他人的祝贺，事业的大门就打开了。
事业的大门打开了，就会找到好工作。
找到了好工作，就会遇到漂亮的新娘或聪明的新郎，
结婚后，就会生下聪明、漂亮的孩子。
所以，生下孩子之后，**要让他好好学习。**

是吗？
最后还是为了让他学习
而让他学习啊！

走到最后一看，
什么也没有。

动不动就让加班。
动不动就让把休假贡献出来。
动不动就削减奖金。
动不动就有调整结构的传闻。

以上描述的是你们的公司吗？如果描述的没有什么大的差异的话，那么你对公司该有很多不满了？幸亏是这样，真的多亏了是这样。如果员工对他们的公司一点儿不满也没有，公司是那种“幻想中的公司”的话，请你想象一下。只是稍微想象一下就觉得很可怕，因为那种“幻想中的公司”没有理由会选择你这样不完美的员工。那样的话，现在您也会动不动就要写简历了。

幻想中的绝佳公司
只存在于幻想中。

汗里面有盐，

所以汗不腐烂。
所以流汗的人不腐烂。

但是想抢夺别人的汗，
只吐口水的人，
最终会腐烂。

因为口水中没有盐。

吹得很低的风，不知道天的高度。
海面的涟漪，不知道大海的深度。

所以吹得很低的风，一直和涟漪玩耍。
天际和海的尽头玩耍。

抹布是毛巾出身的神职人员，把自己的身体弄脏，把世界擦得干干净净。它虽然曾经在贵妇的脸旁玩耍，但是从来不提当年之事，而是**谦虚地低下头来。“抹布洗了也还是抹布”**的格言不就很好地证明了它不轻易叛变的人格吗？

但是人们对于它那无可挑剔的人格，表现出的不是尊敬，而是嫉妒。指着它身体上某个角落的“俗离山旅游纪念”文身，以周围人群的厌恶感为由，严禁其进出公众浴池，不讲究礼节。

请把藏在桌子抽屉里的信封全部清扫，扔到垃圾桶里。上班族，无论是谁，只要看到信封就有想写辞职书的冲动，这一点和患有忧郁症的人只要看到江水就有想要跳下去的冲动是一样的。另外，还有一样东西需要扔掉，那就是自尊心。在把信封扔到垃圾桶的时候，请把自尊心也一起清理，扔掉。垃圾桶越满，你到规定年龄退休的事情就越有保障。

当然，还有一个小小的问题。
那就是，
只挤满把自尊心都扔掉的人的公司，
很难存活到你退休的那一天。

给什么，吃什么。
在哪里都能睡觉。
骂它，它也不生气。
死后还把自己的全部献出。
即使把它的牙齿、脚指甲都拔掉，也找不到能够威胁其他动物的锋利的武器。

猪肯定是上帝派到大地上的天使。如果它不是天使的话，那人们就不会想要每天在梦里见到它了。如果它不是天使的话，那人们就不可能像侍奉信仰一样侍奉着小猪存钱罐。从现在开始，再也不要在人的肩膀上安两个翅膀就说那是天使了，这不是固执，而是可笑。在这期间，上帝一直都因此取笑我们人类。

花儿凋谢了。

风赢了。
季节赢了。
重力赢了。
我的漠不关心赢了。

凋谢的只是一朵花，赢的东西却这么多。

糟蹋落花的世界是悲伤的。
赢者拥有的世界是悲伤的。

你与炒年糕、血肠、拉面并肩躺着。看到这，我相信你肯定只是一种零食，因为你的默默无闻和老实即使登上“零食之王”的宝座也毫不逊色。但是我被骗了。

你不是单纯的零食。

你那乌黑的肚子里，藏着米饭和小菜。

而且，人们找零食的话，就找“零食紫菜包饭”。

找主食的话，就找“主食紫菜包饭”。

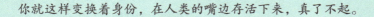

你就这样变换着身份，在人类的嘴边存活下来，真了不起。

继续这样活着吧，继续这样活下去。但是不要嘲笑被放入方便面汤水里的追加的米饭，追加的米饭不会像你一样肋下爆裂而亡。

棒球界主张建造圆顶球场，以便下雨天也可以比赛。但是草坪界提出了反对，说光是用钉儿鞋踩踏草坪还不够，现在连雨也要抢走。雨界也说“把我们当粪水吗？”，接二连三提出抗议。阳光界也说，“免费给你的阳光还嫌弃？真是愚蠢的行为”，还一边说一边咂嘴巴。

建造圆顶球场的主张并不是全体棒球界的主张。如果棒球要继续使用**“棒球——在原野上的球游戏”**这个名字的话，那么所属于棒球界的草坪、雨、阳光的意见也应该列入其内。

对于猛然问你的“你好吗？”这个问题，如果这样回答的话：**“我上周去东大门办的事情不太顺利，所以今天下午3点还要再去一次；最近关节不太好，从地铁1号线换乘2号线，我有点儿担心。”**听到此种回答的对方，脸色会变得很难看。

对方脸色变得难看是因为，附在“**你好吗？**”后面的问号是假的。对方说出的“**你好吗？**”没有一点儿好奇的意味儿，原本就不期待你的回答，可是却得到了过于积极认真的回答。对方对东大门或是你的关节一点儿也不关心，所以对于“**你好吗？**”的问题，就回答“**你好吗？**”，这样微微掠过就好。那就是今天的问候方法。

可是，首先扔给别人“**你好吗？**”这个问题，可能会使对方感觉到自己极度的寂寞，所以最好请事先做好孤单、寂寞的准备。

不管糖醋肉做得再怎么好吃，反正进入肚子后，也会变成大便出来，所以有一个主厨，从一开始就把糖醋肉做成大便的味道。

尝过糖醋肉味道的
飞机驾驶员觉得，反正要降落在大地上，
为什么还要飞离大地呢，因此拒绝飞行。

搭乘这班飞机的一名孕妇肚子里的
胎儿觉得，反正要死，为什么还要出生，因此拒绝来到
这个世界上。

听到婴儿这则荒唐消息的一个新闻记者觉得，反正是
会被忘记的新闻，为什么还告诉大家，所以拒绝写新闻。

最后，只执着于
结果的主厨现在正用一条新闻也没有的空空荡荡的
报纸抓苍蝇。

反正

真正
不幸的人

不能吃的人，不能穿的人，不能入睡的人，
看不见的人，还有无法忘记的人，
这些人都不是那么可怜的人。
真正可怜的人是这样的人：

还想再吃的人，还想再穿的人，
还想再睡的人，还想再看的人，
还有连可以忘记的记忆都没有的人。

大拇指，食指，中指，无名指，小指，
五个手指都有自己的名字。

但是五个脚趾却没有自己的名字，
他们就是脚趾而已。
然而，脚趾没有必要为此而感到委屈。
食指指方向的时候，
第二个脚趾只要蠕动就好了。
无名指搅拌药的时候，
第四个脚趾只要蠕动就好了。

不是说会蠕动就是活着。

12
1
2
3
4
5
6
7
8
9
10
11

PART 5
如果想拜托时间
慢慢走

계획

你把旅行计划排得满满的？
那么不要去了。

旅行是随意的。

太过于
努力工作的罪

在没有要洗的衣物的那一天，晾衣夹子也紧紧地咬着晾衣绳，一次也不张开嘴，也不打哈欠，这样的晾衣夹子是不会坚持很久的。它的下巴马上就会脱臼的，它的身体马上就会和塑料、铁进行垃圾分类，然后消失掉的。这就是太过于努力工作的罪。

在没有要洗的衣物的时候，它也应该从晾衣绳上下来玩耍，在房间地板或者屋外地板上打滚、翻滚玩儿。既要懒惰偷懒，也要盛气凌人，摆架子，只有这样它才能再次高兴地咬住下一次要洗的衣物。无论是谁，每天都要下班一次。

您的母亲也是。

z z z z z z z z z z z z z z z

吃什么都行。
看什么都行。
读什么都行。
穿什么都行。
听什么都行。

人生有非此不可的东西吗?
有不可以随便说**“什么都行”**的东西吗?
如果有的话，请说出来。
虽然不能马上想起来原因，但不知为什么，**“什么都行”**的话听起来就是非常不负责任。
难道不是好像听起来很闲，时间很多吗?
难道不是好像听起来很自由，很舒服吗?
请在今天不多不少地回答3次**“什么都行”**，
可能从明天开始，你就能戒掉血压药了。

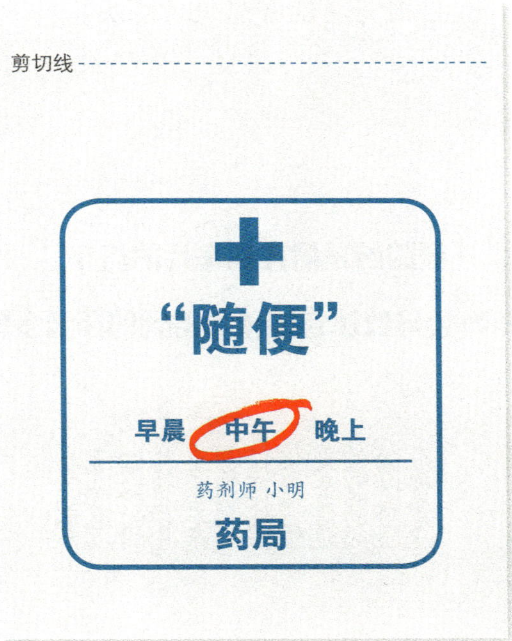
剪切线
“随便”
早晨 中午 晚上
药剂师 小明
药局

没有刹车片的汽车不危险，

因为它没有想跑的想法。

危险的是信任刹车片的汽车。

有的东西会导致比它能预想得到的还要多的问题。

危险的是信任刹车片的汽车

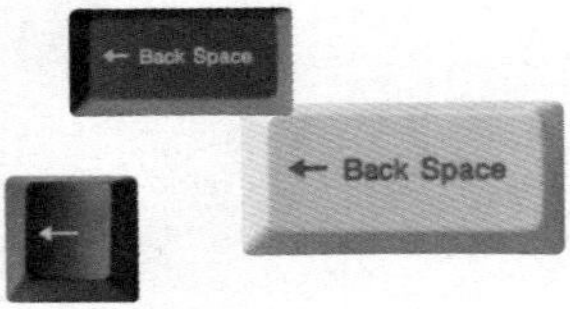

事情只要稍有不顺，就自己乱想，“是不是我的错啊”，然后内心焦急，无法入睡。这样的你可能会认为，自己小心谨慎这一点，是像了妈妈。

这是误会。不是你小心谨慎，而是你过高估计了自己。是你给自己打的分数过高啊，你的影响力还没有大到能够左右事情的成败。

现在使你失眠的那件事，不是你的错误。即使你不在那个位置上，事情也会发展成那样的。一开始就没有你所能做的事。

即使心情不好也起不了什么作用。那么你现在不应该睡觉吗？

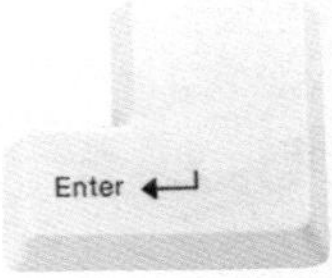

逗号好像婴儿蜷曲的样子。在人生刚开始的时候，我们都是**逗号**，随着出生后直立行走，就渐渐和逗号变远了。从这时开始，我们的腿就不断成为**各种各样的符号**，所以我们相信自己和逗号永别了。可是，随着年龄的增长，腰慢慢弯下，我们懂了，我们的样子再次回到了逗号。

人生是**逗号**，不管再怎么拼命，费尽心思，手忙脚乱，最终也只会是**逗号**。人生就是由**逗号**开始，由**逗号**结束的长句子。如果是这样的话，怎样才能写好人生这一长句子呢？写好这一句子，不需要文章构思能力，即使拼写法、分写法都错了也没关系，只要不将与人生规则发生正面冲突的话当作勋章挂在嘴边就可以了。**忙死了！没时间！下次见！**

从A地点，不经过B地点，直接到C地点的路。
如果走这条路，就要放弃只有在B地点才能看到的Beach（宽阔的海滩），Bird（自由飞翔的鸟儿），Bread（好吃的面包），Beauty（美人）。

即：这是一条告诉我们，如果快就会有所失去的路。

1. 不扔

即使是在前路渺茫、万分绝望的瞬间，也不要扔棋子。因为人生的棋盘无穷无尽的宽阔，不管你把棋子儿扔得多远，最终它还会落在棋盘上。那个棋子可能会成为搞坏人生且无法挽回的臭棋。

2. 慢慢放

请在拿起棋子之前喝一杯茶。请在放下棋子之前喝一杯茶。请在放完棋子之后，再喝一杯茶。在人生的棋盘上，即使你一步花费一年的时间，也没有人会说什么的。人生没有倒计时，所以你不会因为超时而失败。

在锅巴汤里有，
在矿泉水里没有的东西。
在话剧里有，在电影里没有的东西。
在信里有，在电话里没有的东西。
在日历里有，在手表上没有的东西。
在大海里有，在江水里没有的东西。

在短暂思考一下自己是锅巴汤
还是矿泉水的人身上有，
在着急准备看下一篇文章的人
身上没有的东西。

在一点儿也没有被乱涂乱画过的干净墙面上，
没有谁会去乱涂乱画。
但是如果墙面主人在墙上写上“禁止乱写乱画”，
那么从那个时候开始，墙面就会成为整个小区
乱涂的画板。

傻瓜们的共同点是，
对于还没有发生的事情，
过于担心。

举着雨伞的话，一只手就会被占用。
要用不举雨伞的手拿包，从后兜里拿出钱包，
还要用它给问路的人指路。

但是如果把雨伞扔掉的话，
就连曾经自由的另一只手也扔掉了，
因为此时两只手都要用来挡雨。
就连曾经空闲的两只脚也要忙碌地奔跑起来。

人生中遇到的或大或小的不便，
说不定会使我们变得更自由。

外出前，请不要看镜子。
不看镜子，而是看书桌上面立着的您的照片。
移动脸部的肌肉，模仿照片里的表情，
然后请带着模仿照片的那张脸出门。

桌子上立着的照片里的您，一直是开怀笑着的。

放慢速度的老鹰给猎物以躲避的时间，
不出三日，它就会饿死。

提高速度的蚊子，即使看到猎物，却因速度太快而只能那样错过，
不出三日，它就会饿死。

老鹰有老鹰的速度，
蚊子有蚊子的速度，
我有我的速度。

在艰难、漆黑、烦闷的世上，
唯一的能够不受伤、不跌倒，
反而坚持走自己的路的方法

笑。

请现在望向窗外

阳光跟你搭话。
云跟你搭话。
风跟你搭话。
树跟你搭话。

请把眼睛暂时从书本上拿开，去倾听窗外朋友们的话语。阳光那温暖的话语，云朵那沉甸甸的话语，风儿那令人振奋的话语，树木那绿油油的话语。听完它们的话语，再次回到书中来，就会感到书上说的话就像小米。

现在我在本书中所说的话，并不是我说的话，而是将我从阳光、云朵、风儿、树木那儿听到的话转述给您的话。转述的话很容易被误解，也不清晰，有时候还会截然不同。所以，请你直接用双耳聆听窗外的话，窗外的世界才是真正的书。

BEST SELLER
잠자는법
눈깜박이는법
물마시는법
물 마시는법

拍，划，揭，拍，钻，转动，再转动；
搭，上提，再次搭，再次上提，拔。

这就是我在喝了5年红酒之后学到的拔出软木塞的方法，一共12个阶段。其实没有必要费心、费力气，只要像流水一样经过12个阶段的话，软木塞就会像打开城门投降的士兵一样，摇摇晃晃地爬出瓶子。

如果是这样的话，那么在过去的5年里，是怎样在不知道如何正确打开酒瓶的情况下喝的酒呢？

就那样拔出来喝啊。

是的，就那样拔出来喝啊，并没有因此感到不便。不是，是拔出来就足够了。现在见到红酒，就会先想，要万无一失地把软木塞拔出来，要通过拔软木塞的手艺来证明我有充分的资格喝红酒。

唉，我们活着时，
是不是学了太多其实不用学的东西呢？

1
?

奥运会游泳金牌足足有 46 个。
只擅长游泳一项，就可以得到 46 项冠军。
要不干脆再增加几个项目，打造百冠王？

海水 100 米，浅水 100 米，雨中 100 米，破冰 100 米，深夜 100 米，饭后 100 米，捆扎着双臂 100 米，正装打扮 100 米，都脱了 100 米。

别笑，田径也是一样的。

仅仅是因为你比别人稍微快一点，可以再在脖子上挂上数十个游泳和田径金牌。因为这两个项目，嘴上总是挂着“快点快点”的急躁症患者们从医院里出来，阔步走在大街上。

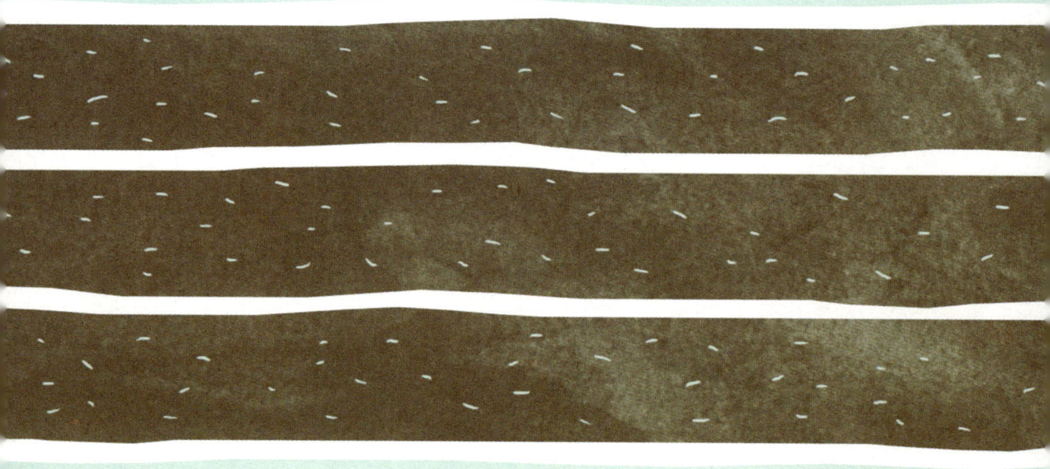

1. 请先提及天堂的事情。请问他，因为自己到现在为止都没有见到过一名去过天堂又回来的人，所以想问他那个地方是否真的那么好。
2. 他会笑着这样回答：**“我到现在为止还没能好好地四处看看，所以不太了解。因为上帝常常要我做演讲，让我说明为什么成年人需要iPhone。为了准备演讲，我直到现在还一点儿工夫也抽不出来。”**
3. 请反问他天堂是否也需要iPhone。这时他会回答，不是因为需要才买的iPhone，而是在买了之后，它才变成了需要的东西。即使你没有理解他的话，也请你点点头，如果不这样的话，餐厅就会变成课堂。
4. 寒暄到此为止，递过菜单，请他点菜。他会不时触摸菜单的标志，慢慢翻页，然后在某一瞬间表现出一副要开辟新事业的样子。但是猛然想起自己已不是这个世界上的人了，他又露出苦涩的表情。这时，请不要进行多余、无谓的安慰，装作看不见就好了。
5. 他大概会点牛排。如果问他几成熟，他会暂时沉思，回答全熟。**因为他很想念火，想念人们给予他的热烈地支持和应援……对话的结尾会含糊不清，闪烁其词。**

6. 牛排端上来，他会把刀子和叉子攥在手中，**问你为什么在这么远的地方招待他。**那时候请进入正题。你告诉他，你想要创建一个“想象力株式会社”，对于该用什么样的人，想听听他的建议。因为他退出人类社会之后，能够更为客观地看待人，所以想听听他的高见。

7. 他会以一副一点儿也不为难的表情这样回答：**“请选拔那些自己一个人时也玩儿得很好的人。因为自己玩儿得很好的人与不现实、不合理、不正常的单词更接近。”**接着，他会告诉你，**新的想法或思路就是从这个“不”字开始的，**所以要选择那样的人。

8. 请表现出一副自己请对了人了的样子，夸张地点头附和，说不错，最后问他想对世界上的人们说什么。他会用餐巾纸把嘴巴周围擦干净，说出不像史蒂芬·乔布斯所说的话。

9. **不要太努力工作，比起工作，请给家人和朋友更多的时间。没能做的事情可以打包带到天堂，但是家人或朋友是带不去的。**

10. 餐后甜点请准备苹果。把没有削过的苹果随便咬上一口，然后把那个苹果递给他。看到好久不见的苹果 Logo，他心里会美滋滋的。

把今天要做的事情推到明天

如果想成功的话，
把今天要做的事情推到明天。
今天则做昨天没能完成的事情。

如果想成功的话，
把今天要做的事情推到明天。
今天再次做昨天草草了事的事情。

如果想成功的话，
把今天要做的事情推到明天。
但是不要推到后天。

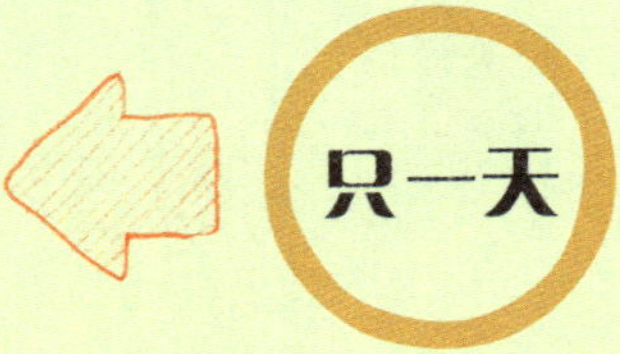

那个钱包会发现比我更急切地需要钱的人。
比起买一件衣服，那个人会把钱花在更有用的地方。
可能那个人现在正向我表达谢意，
而且，曾经好一段时间我都不关心的连衣裙，
也因我丢掉钱包而有了外出的机会。

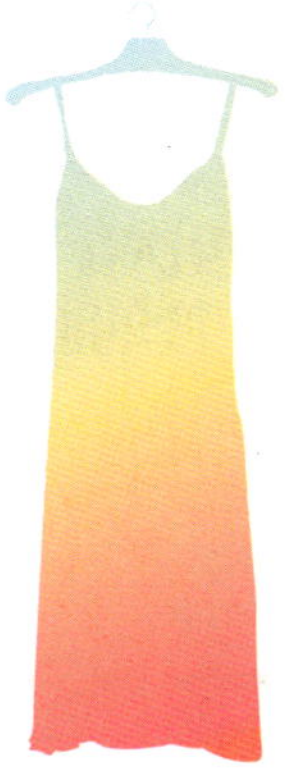

读书过程中需要有暂停一下的时候。您会怎么标记自己读到的位置呢？
夹上书签，把书叠放在书桌上？或是把书以展开的形态倒扣在桌子上？
最好的方法是什么标记也不做，把书合上，就好像已经把书全读完了一样。

不久之后，当您再次把书打开，一边想“我读到哪里来着”，一边翻找，那些原来不想读的部分也要重新读才行。再次读的话，就明白了当初自己是多么敷衍了事地读完了这本书，并且可能会发现之前没有看到，但却改变了你人生的那一句话。

读一遍就被尘封在书架里的书，
如果很难再次拿出来的话，
那么就请在读的时候读两遍。

把感叹号弄弯，就是问号。
把问号拉直，就是感叹号。

一直反复弯曲、拉直，弯曲、拉直，
上面的竿子就消失了，
人生不知何时变成了句号。

要想不给句号留下遗憾，
那么就需要更多的问号，更多的感叹号。

不要按照时间表来行动，
任何时候都要问号，任何地方都要感叹号。

不要拘泥于价格表，
勇敢地打上问号，热情地打上感叹号。

偶尔，也打个逗号。

能够思考，制造、使用道具，创建这样、那样的社会，仅凭此来说明人和动物的差异是不充分的。人和动物真正的差异是，**“哈哈哈”**和**“啦啦啦”**。

能笑，能唱。如果想活得像个人的话，那就笑吧。
一边笑，一边唱歌。
这首歌怎么样呢？

在爱情、信任、希望和笑中，
最棒的是笑。

您没能拥有的东西：

高耸入云的高楼大厦；
马儿奔驰的广阔农场；
石油“咕嘟咕嘟”涌出的油田。

您拥有的东西：

睡懒觉的周日早上；
优秀的吹口哨实力；
妈妈亲手给你织的冬季毛衣；
一喊就出来喝烧酒的老朋友；
喝烧酒时互相说的温暖的话；
几张献血证书；
直到现在还珍藏的年轻时代的情书；
独自旅行的普吉岛记忆；
QQ 空间、博客里某人偶尔留下的安静痕迹；
钱包里家人的照片；

一直放在触手可及的地方的一两本诗集；
窗外的那片红霞；
午后的一杯咖啡；
对谁都没说过的5年后的梦想；
还有明天将要穿着出去的新T恤……

虽然很小，但是非常重要的东西，
您拥有很多。
您是富人。

展开5年后的日历，
周末和法定假期重合的日期足有5日，
有因此提前5年叹气的人。

“那个时候我会脱离工薪阶层，
成为CEO，
周末和法定假期重叠的话，很感谢啊”，
也有这样说的人。

您希望自己是什么样的人呢？

我想成为5年后不打开日历的人。

201X年
今天
日 月 火 水 木 金 土
1 2 3 4 5 6 7
8 9 10 11 12 13 14
15 16 17 18 19 20 21
22 23 24 25 26 27 28
29 30 31

PART 6
我想拥抱
我自己

约翰·列侬、保罗·麦卡特尼、乔治·哈里森和林戈·斯塔尔
的共同点是，
没有报道他们出生的大新闻。
一个也没有。

他们的开始
和你的开始
是一样的。

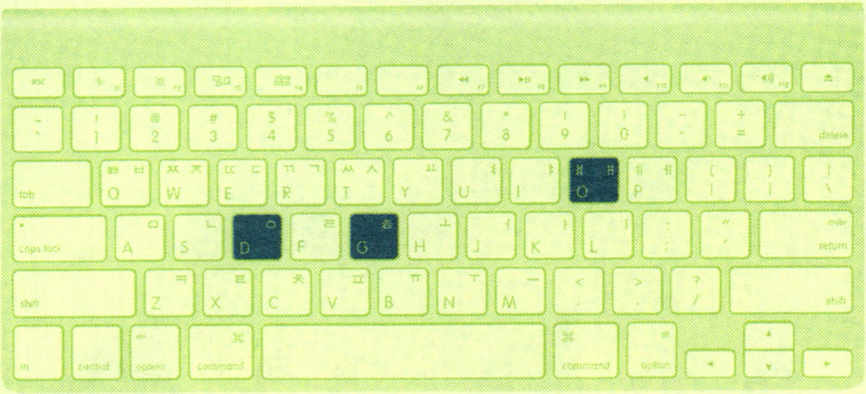
esc
1 2 3 4 5 6 7 8 9 0
delete
tab Q W E R T Y U I O P
ㅃ ㅂ ㅉ ㅈ ㄸ ㄷ ㄲ ㄱ ㅆ ㅅ ㅛ ㅕ ㅑ ㅒ ㅐ ㅖ ㅔ
caps lock A S D F G H J K L
ㅁ ㄴ ㅇ ㄹ ㅎ ㅗ ㅓ ㅏ ㅣ
return
shift Z X C V B N M shift
ㅋ ㅌ ㅊ ㅍ ㅠ ㅜ ㅡ
fn control option command command option

用英文键盘敲打“幸”字。

god

幸福、幸运、不幸都是神的旨意。
不要一边把幸福称为能力，一边大笑；
不要把不幸称为无能，哭得过于伤心。
请平静地等待神的下一个旨意。

蜷着睡的秘密

即使您现在住在单人房间里，无法伸直腿，睡觉还要蜷着睡，也请不要羞愧或绝望。

您蜷着睡不是因为房间太窄，而是因为你是个非常大的人。

▼은퇴

你的退休是某个人的开始。

而那个某人也可能再次是我。

让你看月亮，为什么看手指？

因为不看手指的话，
就看不到手指末端的月亮。

虽说如此，但目标是月亮，
而你看手指太长时间了，太急人了。

如果不能正确辨别手指所指的方向，
看到的可能不是月亮，而是星星。

比起月亮这一目标，
可能手指所指的方向更重要。

不来的人，最后也不会来。
但是，没能来的人，可能晚些也会来。

不做的人，最后也做不了。
但是，没能做的人，总有一天会做完。

比强的东西
更强的东西

当所有的颜色都是彩色的时候，
安安静静的黑白很显眼。

当所有的音乐都是重金属音乐的时候，
低沉的爵士在耳边萦绕。

比强的东西更强的是“不同”。

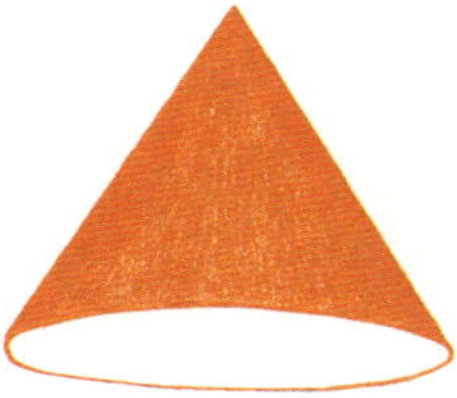

一束光也射不进去的
漆黑的隧道，如果您自
己站在那里的话，只会有
两个想法。这两个想法就
像两束灯光，您把它们分别
拿在两只手里，蹬蹬地向前走。

一个想法是，世界上所有的隧道都
有尽头；另一个想法是，如果此刻
精疲力竭地一屁股坐到地上的话，黑
暗就永远没有尽头。至于剩下的数万种
想法，在从隧道里出来之后再畅想也不晚。

EXIT

横向剪切，得到的是 0，
意思是没有天生的好命。

竖向剪切，得到的是 3，
意思是，对谁来说都有 3 次机会。

放倒，得到的是无穷，
所以您成功的可能性是无穷的。

**请找出一个在世界上
无论哪个方面都没用处的东西。**

如果找不到的话就对了。
如果是你的话，你会造没用的东西吗？

一个更简单的问题：

**请找出一个在世界上
无论什么地方都没用的人。**

把镜子和梳子扔给猴子。
猴子一边看着镜子，一边用梳子把自己的毛梳得整整齐齐。
晚上抢走镜子和梳子，早上再扔给它。
就这样抢走，再给，反复一年。
在期满一年的那天，只扔给它一面镜子。
猴子会看着镜子，想要整理自己乱糟糟的样子，然后就找梳子。
知道没有梳子之后，它会流泪。
它一边流泪，一边看自己的手，
接着，把自己的手指伸直，当作梳子使。

实验结果告诉我们：
感到辛苦的时候，不要哭，把双手一下子打开，
只要动动自己的双手，没有干不了的事情。

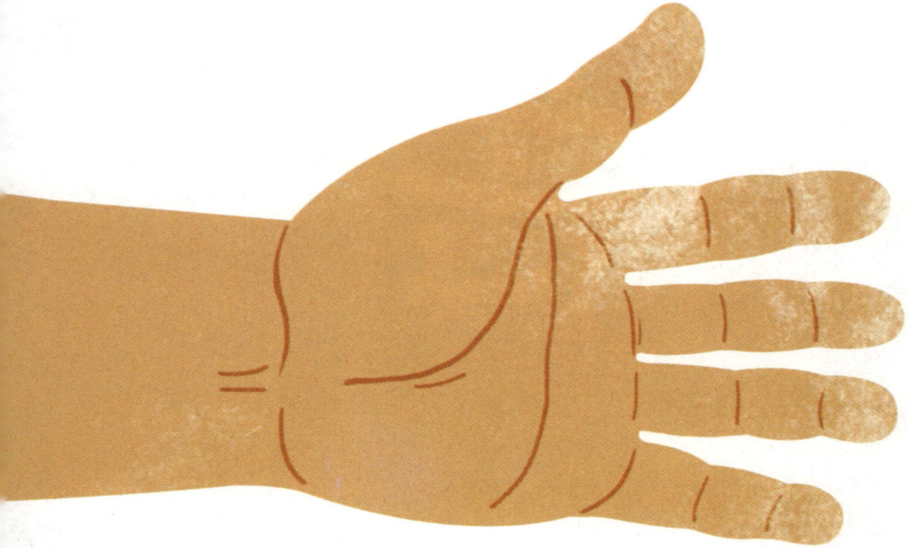

没有梦想不是那么令人伤心的事情，
因为人生并不是一定要朝着梦想而奔跑。

比没有梦想更悲伤的事情是：

有梦想，但是一次也没有朝着那个梦想奔跑过，
而是和梦想一起肩并肩地躺在棺材里面。

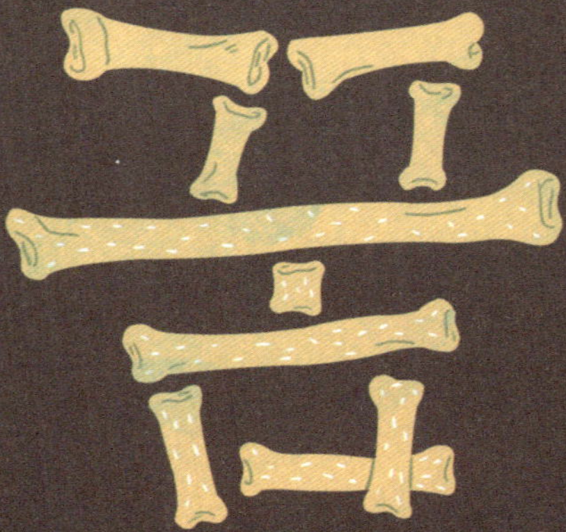

偷东西了，后悔。

打架了，后悔。

过度饮酒了，后悔。

离婚了，后悔。

抛弃朋友了，后悔。

骗老师了，后悔。

这些都是可能会出现的事情，
都是后悔的话就是可以被原谅的事情。
但是也有不允许后悔的行为：

自杀了，后悔了。

我到现今为止一次也没有听过这样的话。

第一次
坐在自行车上的你

我不要你抓着了，
很难加快速度。

我不帮你推了。
很难转弯。

如果摔倒呢?
站起来就好了。

如果迷路呢?
再找回来就好了。

如果我走得太远了呢?
在那里生活就好了。

不要经常回头看。
骑自行车是一个人的事情。

就像人生一样。

令中国骄傲的万里长城曾经也只是一块小石头。

如果您现在是一块被脚尖踢的小石头，
那么就意味着您有可能是会成为像万里长城一样让人敬仰的人。

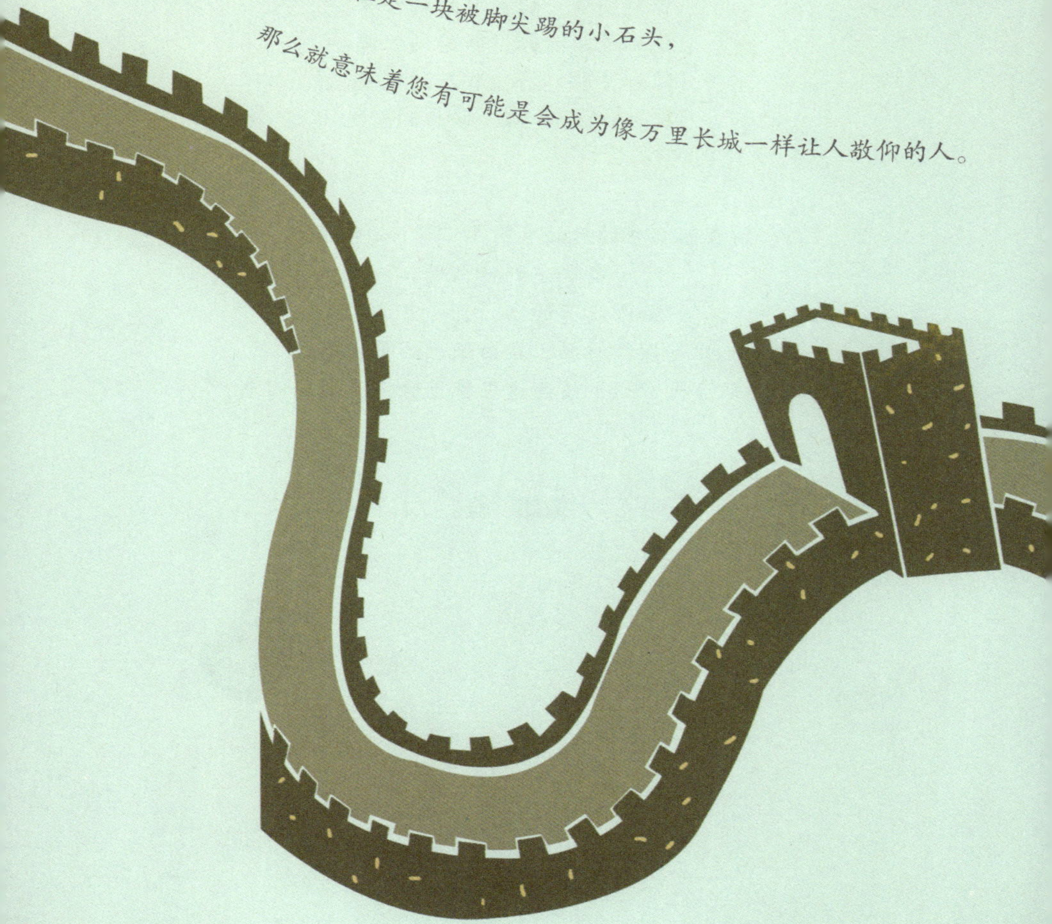

像刘在锡一**样**，联想到诚实。
像朴明秀一**样**，联想到坚韧。
像郑俊河一**样**，联想到坦诚。
像郑亨敦一**样**，联想到稳重。
像“哈哈”一**样**，联想到愉悦。

请在您名字的后面也附上“像……一**样**”。
有联想到什么吗?
如果没有的话，真是万幸。
比起擦掉再画，在白纸上画更容易。
来，从今天开始，请画这世界上独一无二的图画，

像您一样。

输了－被击倒－哭。

对不起，零分。

0

输了－再来－开始。

做得太好了，满分。

100

“玫瑰很美”的意思是，连同玫瑰的刺都很美。如果不是这样的话，就说玫瑰的一部分很美了。“人生很美”的意思是，连同人生的苦痛都很美。

在稿纸面前陶醉着，嘴里不是叼着香烟，而是衔着铅笔。您有过这样的经历吗？有用打火机点燃嘴里衔着的铅笔的经历吗？如果有的话，只凭那个，您就有成为作家的天分。

在看足球赛的时候，自己也会不知不觉地进行主持，有这样的经历吗？把周围的人错认为解说员，冷不丁地问他问题，有这样的经历吗？如果有的话，只凭这个，您也有成为主持人的天分。

在**能不能**成为之前，
请先问自己**想不想**成为。

想要成为什么样的人，
只要是迫切地想要成为，

那你就是可以的。

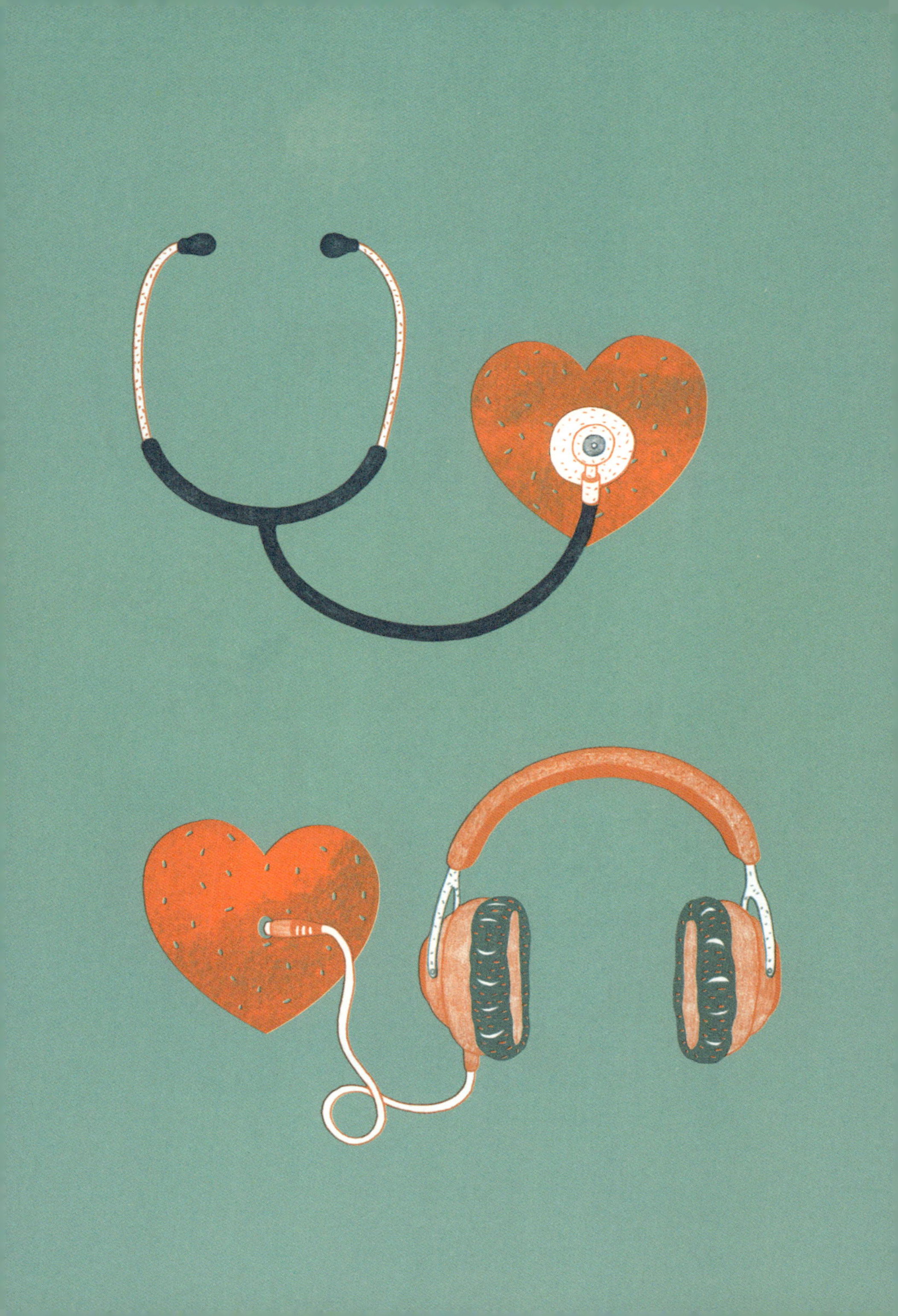

토끼에게
배울 점

如果想三个人一起
在街上走

三人行，必有我师。
不要因此而过于环顾四周。

其中的那个老师也有可能是我，
我也有我不知道的，值得学习的东西。

一分学费也不用交。

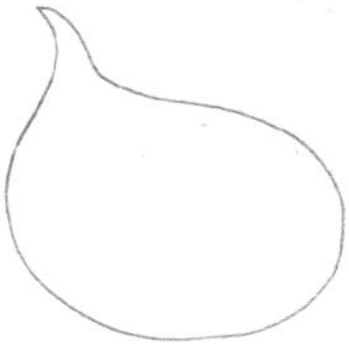

名词也有过去式。

大海的过去式是江。
江的过去式是雨。
雨的过去式是云。
云的过去式又是大海。

“您”这个名词的过去式，转过来，转过去，还是“您”。
“您”这个名词的将来时，再怎么向前也是“您”。

请不要到别人那里去找您自己。
请不要去小说，或是电影、伟人传记里面去找“您”。

如果稍有些没出息，那就按照没出息的样子活。
如果稍有些偏离，那就按照偏离的样子活。
如果稍有些怪癖，那就按照怪癖的样子活。

您就是您。

人生开始的声音是新生儿的哭啼。
田径比赛开始的声音是裁判的枪声。
一天开始的声音是闹钟冷酷的铃声。
恋爱开始的声音是“扑通扑通”心脏跳动的声音。
结婚开始的声音是“乒乒乓乓”锅碗瓢盆的声音。

所有的开始都有声音。来，暂时停下读书，听听现在能够听到什么声音。如果什么声音都听不到的话，就意味着没有什么新的开始，意味着这是你开始的好机会。开始学习英语也好，开始跟喜欢的人表白也好，开始征服阿尔弗雷德·希区柯克的电影也好。开始做这期间堆积的作业的那一瞬间，您就能听到人生给你的热烈鼓掌声。

START

梦想
也像衣服一样

我们不给孩子买大人的衣服穿，也不给他们买大人的鞋子，大人的帽子，但是却想在孩子的手腕上戴上大人的手表。为了让孩子从现在开始就振作起来，打足精神，为成为大人做准备，我们随着指针的移动，开始默念“等他们长大后一定要成为法官或医生”的咒语。

但是对于孩子来说，大人的手表不是手表，而是手铐，是把孩子监禁在大人的梦中的手铐。孩子的梦应该是，用左手拯救世界后与埃塞俄比亚公主结婚的这种不着边际的梦想才对。梦想应该像衣服那样，要合身才行。等孩子长大以后再换成更大的梦想就好了。

您还在9局二出局中期待逆转性的本垒打，
所以在9局之前，什么都不做。
您说只有这样才能在9局最后集中力量；
您说只有这样，9局最后才能更惊心动魄，更痛快淋漓。

虽然好像是这样的，但是我却很难同意您说的话。
因为不管是棒球还是人生，都可以在第7局就提前结束比赛。
那么，现在进入击球员区的您，竭尽全力如何？

面包、牛奶都有有效期，驾照也有有效期。
信用卡、优惠券也有有效期。

但是我们的户口是没有有效期的。
那意思是，没有一个人是过期的。

1 是最好的意思。
1 也是最不好的意思。
从顺序来看的话，1 在最前面；
从大小来看的话，1 是最小、最寒酸的。

您也是 1。根据您的思想准备，您可能成为最好的 1，也可能成为最不好的 1。人们这样说，“到底 1 能干什么啊”，请侧耳倾听。深入 100 在运转的企业发现，不是 100 在运转，而是 100 个 1 在运转。由于一个营业员的诚实和亲切给“主妇 1”留下深刻印象，然后这个形象像波涛一样扩展开来，就可以左右那个企业的命运。

1 很小，但是也很大。

请相信 1 的力量。
请相信您的力量。

1
2
3

图片索引
采用不同的方法
阅读本书

时间类

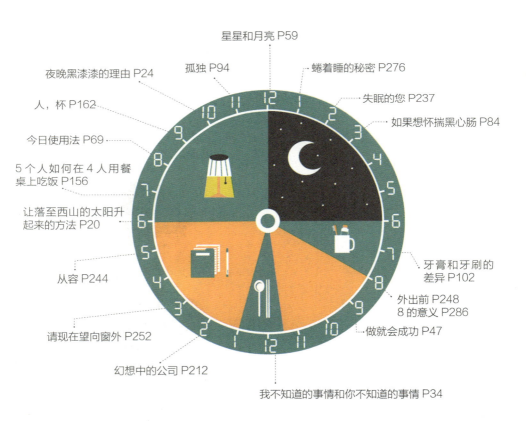

年龄类

地区类

白头山
被老虎叼走而学到的东西 P132
中国
万里长城的过去 P295
爱鲸鱼的方法 P99
郁陵岛
首尔
问题和答案 P48
江陵
冻明太鱼的记忆力 P151
西海
无人岛 P139
俗离山
毛巾出身的神职人员 P216
大邱
削苹果时 P138
智异山
釜山
无期徒刑 P80
人与山的对话 P166
忠武
忠武紫菜包饭 P70
多岛海
普吉岛
向小岛学习爱的方法 P114
您所拥有的东西 P266
济州
大海的故事 P186

身体部位类

我的大脑的使用方法 P191
流泪的人 P141
眼睛所做的事情 P174
拥有好的面容的方法 P189
嘴巴能够做得最好的事情 P33
改变人生的颈部运动 P23
身体对心 P199
心 P118
用手相爱 P105
减肚子的方法 P120
拳头的使用方法 P137
月亮和手指 P281
如何拥有干净指甲的方法 P66
脚掌的教诲 P150
脚趾没有名字的原因 P227